文芸社セレクション

農哲流　コロナ後の世界再生論

「私」が主人公

森 賢三

MORI Kenzo

鴻上 純治

KOKAMI Junji

文芸社

序　章　引き金は引かれた

森　賢三

本書の出版に向けて鴻上氏と第1回目の企画会議を開いたのは2020年2月3日でしたが、その時はすでに日本での新型コロナウイルス（以下、「コロナ」と呼ぶ。）の感染が報告されていました。

「これで東京オリンピックの開催は難しくなりましたね。」そんな会話を交わしながらも、果たして「引き金」は既に引かれてしまったのかと、その時は半信半疑でした。

私は幼少のころ小児喘息を患い、幼稚園から小学校とほとんど登園・登校することができませんでした。近くに製油工場の大きな煙突があったことから、大人たちは「これは公害病ではないか」と囁いていたのが記憶にあります。

中学校に進学するころには身体もよくなりましたが、「公害」という言葉が心から離れず、『四日市・死の海と闘う』『水俣病』といった公害を取り上げた本を読みました。そして自分の病気はこれほど悲惨な病気ではなかったと理解しつつ、まだこのような問題がこの地球上に残されているのであれば、少しでも問題を解決するような仕事に就きたいと強く決心しました。

やがて公害問題は環境問題へと姿を変えましたが、これらの問題を体系的に学べる場所は少なく、その中から埼玉大学工学部環境化学工学科へと進学しました。

在学中の私は決してまじめな学生ではありませんでしたが、子供のころの志は失わず、卒業後の進路として環境コンサルタントの道に進みました。

地方自治体の環境基本計画の策定や、市民参加による環境配慮型のまちづくりの推進、企業と連携して環境ビジネスや環境マーケティングといったテーマへの取り組みなど様々な角度から環境問題に取り組ませてもらいました。

一つひとつの仕事は魅力的でとてもやりがいを感じていましたが、その間に環境問題は地球環境問題へと進み、最前線の情報に接する機会をいただきながらも、すさまじいスピードで人類が破滅へと進む景色を眺めながら、自分の活動はその現実に爪痕すら残せなかったことに失望し、２０１０年にすべての仕事をやめて、和歌山に帰りました。

それでも、30年近く取り組んできた実績をすべて無にするのが悔しく、最後のエネルギーを振り絞って『地域再生の処方箋　スピリチュアル地域学』（文芸社、森賢三著）という本を完成させ、友人たちには「卒業レポートです！」と言っていましたが、実際の心の中は敗北感しかなく、まるで亡骸同然であったように思います。「今の私に残された仕事は、年老いた両親を穏やかに向こうの世界に送り出すことだけだ。この文明は間もなく終わりを告げるだろう。それを防ぐ手段はもう何も残っていない。そしてその瞬間は私のこの命が尽きる前にやってくる。農業をしながらその瞬間を静かに見守ろう。」その頃の心の内はこんな感じでした。実は人類に最後の手段が残っているとしたら、それは農業しかないという感覚もあったのですが、自分が農業の世界に飛び込んだのは偶然で、私一人が農業をしたところで何の力にもならないと感じていました。

しかし、日々畑（自然）と向き合っていると、畑の向こうにシンプルな法則（真理）が貫かれている風景が見えてきたのです。それは霧が晴れていくような感覚でした。そして「大丈夫だ！　まだ終わっていない。人類は必ず答えを見出す。それを信じて、お前（私）は今なすべきことを全力で成し遂げろ！」そんなメッセージに身体が包まれていきました。

今の私にできることは何か。農業に全力で取り組み自らの農法を確立していくことと、そこで得た学びを一人でも多くの人と分かち合っていくことです。

和歌山に戻ってから知り合った心友の森光司氏と力を合わせて『農から学ぶ哲学

宇宙・自然・人すべては命の原点で繋がっていた』（文芸社、森賢三・森光司著）を書き上げました。

この本を出版したおかげで、新たな人々との出会いが加速しました。人類が今がけっぷちに立っているということを正確に理解しながら、全力で自分のできることに取り組んでいる人々がいました。状況を理解しながらも自分にいったい何ができるのかと悩んでいる人々もいました。特に後者は「以前の私」の姿と重なりました。

人類が今がけっぷちに立っていることに気づいた人なら、そして何かで貢献したいと思った人なら、今すぐに取り組める使命があります。それは自分と向き合い自分を変える（本当の自分を見つける）という使命です。自分を変えることのできない人間に、世界を変えることなど決してできません。何かで貢献したいと思った人たちが、この使命をやり遂げた時、世界は変わり始めます。

この使命の成功を願って、そして「以前の私」に届けたいという気持ちも込めて『農から学ぶ「私」の見つけ方　オートマティックに生きる』（文芸社、森賢三著）を出版しました。

上記の原稿を書き始めたころ、とても不思議な人（鴻上純治氏）との出会いがありました。共通の知人を介して、鴻上氏が主催するイベントのパネラーとして参加することとなったのですが、そこで彼のメッセージを初めて聞きました。それは普段私が発しているメッセージと同質なもので、一言ひとことが、その言葉に隠れた想いと一緒にスッと身体の中に入ってくる感覚は初めての体験だったかもしれません。

さらに鴻上氏は、以前の私がチャレンジしては跳ね返されてきた様々なテーマに、私よりもはるかに大きなエネルギーと行動力、さらにはネットワークの広さや情報力でチャレンジし、確実に成果につなげようとしていました。

神様はこんな人物まで既にこの世界に送り込んでいたのか！　この世界は面白い！何とかなる、きっと！

鴻上氏との世界の現状に対する認識はほぼ一致していました。「世界はこれから大きく変わる。いや、変わらなければ人類に未来はやってこない。そして変わるためのきっかけとなる出来事がすぐ目の前まで来ている。それが今年か来年か・・その時に一斉にプロジェクトを動かすための準備を今進めているところです。」そしてきっかけとなるその出来事を彼は「引き金」と表現しました。

しかし私たちは、その「引き金」は日本で起こる大規模な自然災害だと想定していました。首都東京が壊滅するほどの直下型地震か、富士山の噴火か、人類の試練はまず日本を襲う。なぜなら日本が世界のひな型だからです。

ところが引き金は、２０１９年の秋、中国の武漢で静かに引かれていました。疫病というワードも頭の片隅にはありましたが、少々虚を突かれました。

このコロナが、人類を大きく変えるための「引き金」であるなら、コロナは終息しません。


根拠はありません。しかし、それが自然界のオキテです。

自然界ではバランスが崩れると、そのバランスを取り戻そうという力が絶えず働きます。

例えば、畑で病害虫が発生した時、それは畑の崩れたバランスを取り戻すために現れた現象です。それを農薬で抑え込んだとしても現象は一瞬消えますが、再び別の形で問題は現れます。

これは自然農の畑でも同じです。病害虫が現れた時、私たちは農薬を使わないので、様々な手段で何とか問題を解決しようと右往左往しますが、結局お手上げとなって呆然とその現象を眺めるだけとなります。そして最後まで見届けると、その畑では同じ問題は二度と発生しません。バランスを取り戻すと、その問題は消えてゆきます。

近年に多発する異常気象も、地球がバランスを取り戻すための「身震い」でした。しかしまだ本気ではありませんでした。コロナに関する一報が届いたときも、「身震い」か「引き金」かの見極めがなかなかつきませんでした。しかし、一気に世界中を覆いつくしたその強さを目のあたりにして、地球の本気を感じました。であるならば・・コロナは終息しません。

一瞬終息したような状況が現れたとしても、それは人類が息継ぎをするための猶予でしかなく、さらに強力化したコロナが人類の前に現れます。あるいは異なるウイルスを送り込むかもしれませんし、壊滅的な天変地異としてかもしれません。動き出した時計の針は、新たなバランスを取り戻すまで止まることはありません。

人類が新たなバランスを取り戻す社会を再構築するのが早いか、地球がこの文明を滅亡させるのか、文明の命運を懸けた「引き金」が引かれてしまいました。

しかし私たちはすでにその答えを持っています。コロナが終息しないのであれば、コロナと共存する社会を再構築すればいいのです。

冒頭に挙げた企画会議は、「引き金」が引かれた後の世界が、混乱によって行き先を見失わないよう、世界再生の青写真を事前に描いて世に出しておきたいというものでした。コロナに先を越されたと一瞬思いましたが、コロナはこれまで人類が構築してきた世界の矛盾点を一気にあぶりだしてくれました。今、人類はコロナという共通言語を手にしました。ピンチをチャンスに変えて、コロナを体験した今だからこそ、人々に伝わるメッセージをお伝えしたいと思います。

目次

第１章　健康と発酵のメカニズム

森　賢三

２０２０年、世界中がコロナに感染し、私たちの世界は重症となりました。ここまで一気に重症化したのは、これまで人類が構築してきた世界が不健康であったからです。では健康とは一体何でしょう。病気にかからない状況が健康でしょうか。いいえ違います。たとえ病気にかかったとしても、自己の治癒力で回復することができることが「健康」です。

病気とはバランスが崩れている状態です。この世界は絶えず揺らいでいるので、バランスは崩れます。崩れることが問題ではなく崩れた後が問題なのです。小さくバランスが崩れた時、絶えず修復する力を発揮できれば大事には至りません。しかしその小さな修復力を失うと、やがて大きな崩壊を招きます。これまでの社会は、この小さな修復力を手放してきました。その結果社会全体が崩壊し、ドミノ倒しが起こりました。

ではこの小さな修復力、すなわち健康を支えるメカニズムはどのようになっているのでしょう。その答えは微生物の世界にあります。

身体の健康、そして畑の健康、二つの世界を通して健康のメカニズムから見ていきます。

1・身体の健康

抗生物質

医学の歴史は疫病との戦いと言ってもよいかもしれません。人類は長く、見えないものが人間を倒すという恐怖と闘ってきました。見えないものが「何者」なのかを明らかにし、それらをすべて取り除くことによって安全が得られると考えました。やがて「何者」の正体が病原性微生物やウイルスであることがわかってきました。

そして人類はワクチンを発見します。しかしワクチンは特定のウイルスに対する免疫を授けるだけです。その効果は限定的です。さらに研究を重ね、人類はカビから抗菌成分を分離し抗生物質を作ることに成功します。抗生物質は菌を皆殺しにしますから、その効果は絶大でした。しかし絶大であるがゆえに、その力に頼りすぎました。あまりに安易に抗生物質を使い続けました。

微生物の世界では時計の針はすさまじいスピードで進みます。畑では新しい農薬が開発されても、早ければ2～3年でその農薬に抵抗性を持つ虫が生まれることがありますが、菌の世界はもっと早く、今回のコロナも中国で発生した当初のウイルスと、欧米に広がったウイルスでは明らかに進化した別物であることが報告されています。ですからワクチンが無事開発されたとしても、すぐに役に立たなくなるリスクも報告されています。

抗生物質も大量に使い続けたがゆえに、本当に必要な時に効果が発揮されないという状況が生まれてきました。しかし本当の問題は、良い菌も悪い菌も皆殺しにしてしまうという点だったのです。

腸内環境

今日の私たちは、腸内環境が健康上とても重要であることを知っています。腸内環境とは大腸に住む微生物群がどのような状況にあるかということを指していますが、正確に理解されている方は少ないように感じます。

腸内では数百種類の菌が約100兆個いるといわれています。そして宿主である人間と腸内に生息する微生物は長い年月にわたり共存共生の関係を築いてきました。微生物にとってはそこがとても安全な場所であり、エサも豊富に存在していること、そして人間にとっては病原性微生物から身を守ることと、そのままでは摂取できない多様な栄養素を微生物の力によって吸収可能な状態で提供されることでした。

微生物は腸内を主としながらも全身に生息しています。そして高度な共生関係を築いています。この共生関係が何らかの理由によって破壊されたとき、それを修復しようという力が働きます。この働きが免疫機能です。免疫機能が発揮されるためには、多様な微生物が正常に保たれていることが大前提となるのですが、今日では様々な要因によってこの環境が劣化しています。そしてそのことで、肥満などの現代病（生活習慣病）に人類が襲われるようになりました。

食生活

腸内環境が劣化していった理由は何でしょうか。その一つが抗生物質の多用です。抗生物質は病原菌だけではなく良い菌も殺してしまいます。しかし非常事態ではそれもやむをえない場合があります。まずは命を守ることを最優先しなければなりません。しかし、保険のような感覚で抗生物質を投与してきた結果、本当に効いてほしい時に効かなくなってきたとともに、良い菌にもダメージを与えて腸内微生物の多様性が失われていったのです。

そして二つ目の原因が食生活の変化です。飽食の時代と言われていますが、実際のところは私たちの食事はどんどん貧困化してきています。人間は口から食べたものしか身体に取り入れることはできませんが、それは腸内に生きる微生物も同じです。彼らが生き残るためには宿主である人間が何を食べてくれるかに依存しています。

パンや白米などの精製穀物（単純糖質）中心の食事は、とても消化が早く、その大部分が小腸で消化され糖分として体内に吸収されてしまいます。すなわち大腸に住む微生物にとってはほとんどエサが回ってこず、栄養失調を起こしています。微生物がもっとも消化に苦労するのがセルロース等の複合糖質です。ですから野菜を適切に採ることが、大腸まで微生物のエサを運ぶ上で重要となります。

また、エサ（栄養素）の種類が異なれば、それを好む微生物も異なります。多様なエサ（栄養素）を食べてあげることが腸内微生物の多様性を保つ重要なポイントとなります。

ところで、腸内微生物の貧困化が現代病を引き起こしている証明として、健康な人の腸内環境（微生物）を病気の人に移植（糞便微生物移植）することで、その病気が改善されるという報告があります。しかし、そのようにして改善した症状も、食生活も同時に改善していかないと結局元に戻ってしまうというのは言うまでもありません。

農作物の貧困化

腸内環境を健全に保つために、バランスの良い食事を心がけることは良いことなのですが、現実はそれでもまだ駄目です。なぜなら、野菜など私たちがいただく農作物に含まれている栄養がすでに貧困化しているというとても深刻な問題があるからです。

私の過去の作品（以下「農哲」と呼ぶ。）では、それは農薬等によって与えられたストレスから身を守るため、農作物はミネラル等の微量栄養素を自己消費してしまうから、と述べてきました。残念ながらこの説はまだ一般的ではありません。しかし、農作物に含まれる栄養素が貧困化しているという事実はたくさんの測定結果で証明されています。そしてその原因は、植物が根から吸収される栄養素が物理的に少なくなってきているから、というのが一般的な説であり、多分農哲の説と両方が正しいのだろうと思います。

身体の健康

身体の健康は腸内環境を多様な状態に保つことで得られます。多様な状態は多様なエサ（栄養素）を継続的に与えることで得られます。そこには農法から変えていかなければならないという深刻な問題はあるのですが、見かけ上であったとしてもバランスの良い食事を心がけることが大切です。

そしてもう一つ重要な視点が、腸内の微生物の多様性を復元していくために、種菌となる微生物を取り入れていくことです。一度失ってしまった菌は外から取り入れないと復元しません。別の言い方をするなら、腸内環境は人それぞれ固有であり、そこにはその人の人生が詰まっているとも言えます。子供のころ泥だらけになって遊んだことが、腸内環境を豊かにしてくれていたりします。しかし、抗生物質の投与や食生活の変化によって貴重な微生物のストックが失われていきました。先に、現代病を改善するために健康な人の腸内環境を移植するという方法を紹介しましたが、通常ではそれはできないので、私たちはやはり口からその種菌を仕込んでいかないといけません。それをしてくれるのが発酵食品です。発酵食品をいただくことも含めて、私たちの健康は「食」によってすべてが支えられています。腸内の微生物の働きによって私たちの健康は維持されています。

2・畑の健康

農作物に含まれる栄養素が貧困化しているのは、植物が根から吸収する栄養素が物理的に少なくなってきているからですが、その理由として土の中にもともと存在していた多様な栄養素が、そこを畑として長年使い続けた結果、消費されてしまったからという説があります。しかし、そのような問題を解決するために人類は肥料を開発してきました。ですからその肥料にさらに必要な栄養素を加えていけば問題は解決するはずですが、農作物の中の栄養素は元に戻りません。

菌根菌

人間の大腸の中と、植物の根の周辺は相似関係にあり、同じメカニズムが働いています。

植物の根の周辺には菌根菌と呼ばれる、植物と共生関係を作る微生物が生息しています。彼らは栄養を土壌や岩から集め菌糸を通じて植物の根に運び、植物が光合成によって作る糖質と交換しています。植物はダイレクトに栄養素を吸収するのではなく、微生物の活動によって吸収可能になったものを取り込みます。ですから根の先端から糖質を分泌し、自分に都合の良い微生物のコロニーを作り出します。この微生物たちがバリアーとなって、病原性微生物からも守られています。

この土中微生物の貧困化によって土中で栄養素を生産する能力も低下し、農作物の中の栄養素が減少してきました。

その原因の一つが農薬や除草剤の大量使用です。抗生物質の使用によって腸内微生物が貧困化していったように、土中微生物も直接的なダメージによって、貧困化していきました。二つ目の原因として微生物のエサの貧困化があります。除草剤の使用によって畑は微生物のエサ（草）を生産することができなくなりました。さらに化学肥料は微生物のエサとはなりません。砂漠地域に植物が育たないように、エサのないところで微生物は増殖できません。

さらに問題があります。それは肥料の投入によって植物自身が楽をしてゴハンが食べられることを覚え、自らゴハンを食べるための努力を放棄するようになったのです。すなわち根を土中にしっかりと張って菌根菌を育てていくという努力です。その結果、土中の微生物は貧困化しそこで育てる作物も現代病にかかりやすくなり、それを防ぐために農薬等を投入し更なる微生物の貧困化を招くという悪循環が現代の農業の姿です。

健康のメカニズム

ここまでの事例から、健康のメカニズムを整理してみましょう。身体の健康も畑の健康も、そこには多様な微生物の存在が不可欠です。それは単にそこに存在しているだけではなく、お互いが関係性を持ち、支えあう関係が作られています。そのような状況が保たれることによって、身体も植物も必要となる微量栄養素を微生物の力を介して体内に取り込むことができます。そして免疫力は、多様な微生物と栄養素のチームプレイで発動されます。

健康とは、多様な微生物と栄養素がバランスをとり、その宿主と共存共生している状態です。そしてバランスが崩れた時、そのバランスを復元しようという力が働くことです。

ではその健康が失われている状態とはどのような状態だったでしょうか。

一つはインプット（エサ）の貧困化でした。畑では化学肥料の大量投入であり、人間でいえば食の貧困化です。エサの貧困化によって微生物の多様性が失われていきます。ですから人間の食事は、舌の刺激や嗜好で食べ物を選ぶのではなく、身体が喜ぶ食べ物を選ぶ必要があります。この細胞レベルで喜ぶ感覚を取り戻していくことが課題です。

多様性が失われるもう一つの理由は、抗生物質や農薬のように、そこに悪いモノが存在するとそれを徹底的に取り除こうという意識でした。悪い菌（病原菌）を取り除くために多くの善玉菌も道づれとなり、微生物の多様性が失われていきます。もちろん緊急性が高い場合は、必要な措置を取らなければなりません。しかしそうでなければ悪玉菌も受け入れて共存するという感覚を失ってはいけません。善玉菌は悪玉菌も存在することで本来の機能を発揮することができます。悪いモノはすべてダメと考えるのは不健康です。同様に抗生物質や農薬の存在を否定することもまた不健康です。両方が共存する道を探すことが大切です。

私が実践する農法

この健康のメカニズムを農法に落とし込むとどうなるかを私が実践する農法を例に考えてみます。

私が自然農法を実践している園地では、農薬・除草剤・化学肥料は使用しません。しかしマシン油などの一部の化学物質は使用することがあります。また海水や生のワカメ、カキ殻の粉末など海のミネラルを積極的に園地に投入します。魚粉を主成分とした有機配合肥料も必要に応じて投入します。もみ殻と米ぬか、生ごみと海水などで自家製の堆肥も作っていますが、量は限られているので、自家消費用の野菜畑に投入しています。

次に園地に生えてくる草の新芽を摘んだり、収穫したみかんや梅・タケノコなど、季節ごとに採れる作物を海水に砂糖を溶かした溶液に漬け込み発酵させます。その溶液を希釈し、みかんや野菜に葉面散布します。私はこれを乳酸菌栽培と名付けていますが、正確には乳酸菌に代表される土着菌を採取・増殖させ、園地に戻しています。

病害虫の防除としては木酢液やマシン油などを活用していますが、どうしても防げない場合は「呆然と見守る」ことになります。しかし、木が枯れるといった非常事態を迎えた場合は、農薬の力も借ります。その場合は時間差で光合成細菌を散布し、園地に投入した化学物質を消し去るといった事後処理もしています。

この農法では、その作物が本来持っている栄養素を１００％復元させるとともに、その栄養素を濃縮させ、１１０％や１２０％と上積みさせていくことを目指しています。そのためには微生物の力を最大限に引き出すことが重要と考え、草を年に５～６回刈り込むことでエサを絶えず供給したり、園地外からも積極的に海水や生ワカメ等を投入したりしています。さらに乳酸菌栽培では、10年以上作り続けて「秘伝のたれ」状態となったメインタンクで土着菌を培養しており、そこに毎年フレッシュな菌を投入しながらブレンドして使用しています。

この農法では、園地内の微生物の多様性を維持・向上させることを目指しているので、健康的な農法であると言えます。

これは自然農法か

さて、私が実践する農法が自然農法と言えるのかという問題があります。私は「自然の力を最大限に発揮させる農法」を自然農法と定義しているので、対外的にもそういっていますが、「違う！」という指摘を受けることもあります。

自然農を実践している人の中には、

・化学物質は一切使用しない

・園地の外から資材を持ち込まない（無肥料）

・畑の土は耕さない

・周辺の慣行農の畑からの影響（農薬の飛散など）を受けない

ことを徹底していたり、無農薬野菜等を流通させている人たちからは、右記の項目の現状を確認するヒアリングを受けたりします。

これはいったい何を目指している農法なのでしょうか。一番の特徴は化学物質など人間にとっての有害物質の混入を徹底的に排除している点です。

世の中には極度のアレルギー体質で苦しんでおられる方もいます。その人たちにとって、少しでも異物が混入していると命にかかわる問題なので、このように徹底的に管理された園地において育てられた作物はとても貴重です。ですからこのような農法を実践されている農家は命綱であって、社会的使命も高いと思います。

しかし大多数の人にとってこのような作物が必要かという点です。

もちろん、現在広く流通している作物と、このようにして作られた作物を比べれば、後者のほうが圧倒的に好ましいことは議論の余地はありません。しかし健康的な農法かと問われたとき、何らかの違和感を持ってほしいのです。

有害物質の意義

現在、私たちの身の回りは有害物質であふれかえっています。ですから少しでも有害物質を遠ざけたいという心理状況は理解できます。しかし、本来それが微量であれば有害物質にも存在理由があります。

病気とは、特定の病原菌やウイルスの暴走によって生じる現象です。しかし通常は、そこに全く存在しないのではなく、多数の善玉菌に囲まれながら、うまく共存しています。しかし、善玉菌の力が低下し、その共存関係が崩れた時、免疫機能が十分に働かない状況となって、病原菌やウイルスの暴走が始まります。ここでの問題は病原菌の存在の有無ではなく、善玉菌の力が低下することです。そして化学物質のすべてが有害物質でもありません。

自然農法において、「化学物質を一切使用しない」と決めることは、病気や害虫を一切認めない農薬至上主義と紙一重です。何かを否定するという思考が不健康を生み出します。

しかしこれは有害物質の存在を肯定しているわけでもありません。今日の状況はあまりにも悲惨です。しかしこれからの農法を考えるとき、そこで重視するべき点は、徹底的に有害物質を排除することではなく、そのリスクを減らしていく努力をしながらも、それ以上に失われた栄養素を復元することに注力するべきです。マイナスを消していく努力よりも多様性を取り戻す努力のほうが優先順位は高いのです。多様な栄養素を取り戻すことは、免疫力を取り戻すことであり、免疫力を取り戻せば、そこに微量な有害物質が混入した場合も、自力でそれを除去することができるようになります。コロナというウイルスが暴走している現状は、何としても止めなければなりませんが、ウイルスがたとえ生き延びたとしても、そのウイルスを飲み込んでしまえるだけの健康な社会を構築することが重要です。

3・発酵と腐敗

健康のメカニズムは多様な微生物との共存共生によって成り立っていることを見てきました。では微生物そのものの活動に注目した時、私たちは何を学ぶことができるのでしょう。コロナ後の世界再生に向けたヒントをさらに探っていきたいと思います。

農哲の定義

微生物の働きには発酵と腐敗の２種類があります。両者の違いについてはこれまで何度も農哲で取り上げてきましたが、どちらも分子の鎖を切って新たな分子を生み出すという点では同じです。しかしそのメカニズムは明確に違います。農哲における定義では、『発酵とは複数の発酵菌（善玉菌）の共同作業で行われ、生き物にとって有益な生成物と電子を生み出す（還元）。一方、腐敗は単独の腐敗菌の暴走によって引き起こされ、電子を消費する（酸化）。』としています。やはりここでも微生物の多様性が重要なカギとなっており、健康な状況での活動が発酵となり、不健康な状況での活動が腐敗となると言えるかもしれません。

しかしここでは電子の動きに注目したいと思います。発酵では電子を周りに与えるのに、腐敗は周りから電子を奪います。このメカニズムを理解すれば、健康のメカニズムがさらに理解できます。

水の不思議

農哲では生命エネルギーの正体は電子であると述べてきました。生命活動は電子交換によって維持されます。そしてその動きが止まると死にます。では生命活動に不可欠な電子はどこから供給されるのでしょう。その物質は水素（H）です。そして水素は水分子の中にあります。

水素は電子を与える物質ですが、逆に電子を奪う物質もあります。そしてその物質は人間の体内の電子を奪うことにもなるので、人間にとって害となります。電子を奪うのが病原菌やコロナであり、カビ等の腐敗菌です。腐敗は周りから電子を奪う物質を増やしていく現象です。

薬などの化学物質も電子を奪います。正確には悪い菌の水素を奪うことでその活動を抑えていくのですが、正常な細胞からも奪ってしまうので、その現象を副作用と言います。ですから自然農法では化学物質を使用しないというルールも実は理にかなっています。しかし「絶対使用しない」と「原則使用しない」には大きな違いがあるのではないでしょうか。

では発酵によって電子が供給されるのはどうしてでしょう。発酵は分子の鎖を切って小さな分子に変えていく現象です。そして細胞の穴より小さくすることで生き物が吸収可能な状態となります。この仕事は腸内微生物や菌根菌によって行われていますが、この時、水に対しても同じ仕事を行っているのです。

水は通常、大きな塊（クラスター）を形成して存在します。しかしそのままでは生き物は細胞の穴を通って水を吸収することができないので、分子の鎖を切るのと同様に、クラスターの鎖を切って小さな塊へと変換していきます。そして最終的に取り込まれた水は生体水となって生き物の中ではその小ささを維持します。

大きな塊も小さな塊も、その塊一つに対して供給できる電子は一つです。ですから大きな一つの塊が小さな１００の塊に分解されたとしたら、エネルギーの大きさは１００倍となります。

健康との関係でいうならば、病気は電子を奪う現象でもあるので、電子が足りない状況となっています。そこに電子をチャージしてあげれば元に戻ります。その仕事を微生物が担っていますが、腸内環境等を整えることによって普段の電子チャージの能力を高めておくことで、病気にかかりにくくなるのです。

発酵と腐敗

発酵と腐敗をもう一度見ておきましょう。発酵は、生命エネルギーである電子を新たな生成物とセット（イオン化）にして放出します。イオン化された生成物は生きているので、すぐに他の微生物のエサとなって新たな活動（仕事）を生み出し、仕事が連鎖していきます。「発酵とは恵みのバトンを次に渡す連鎖である」とも言えます。そして問題は自分の仕事（エサ）がなくなった時にどうするかです。善玉菌は休みます。自分の仕事（エサ）が再びやってくるまで「待つ」ことができます。そして新たなエサがやってくると再び活動を開始します。ですから発酵はエサが供給される限り、同じ場所で連続して仕事（エネルギーの放出）をし続けることが可能となります。

一方腐敗は、自分が生み出した生成物から電子を消し去ってしまうので、その生成物はすぐには役に立ちません。そして電子も消費してしまうのでエサもすぐになくなります。ではエサがなくなった後どうするのでしょう。その場所で待たないで周りに新たなエサを求めます。腐敗という現象を継続させるためには絶えずその活動エリアを広げていかなければならないのです。そしていずれ「終わり」を迎えます。

ここで発酵と腐敗を改めて定義するなら、『発酵は新たな恵みを生み出す行為であり、腐敗は過去の恵みを消費する行為である』のです。

私たち人類が近代化という名のもとに構築してきたシステムはこの腐敗モデルだったのです。ですから過去の恵みを使い切ると「文明崩壊」となります。腐敗モデルから発酵モデルにどのように転換していくかが本書の掲げるテーマです。

発酵のイメージ

全ては自身の意識。思考を超えた奇跡を起こす第一歩は、内と向き合い今をやりきる事。本来の輝きでの行動が発酵となり、光のバトンが連鎖し、全体が発光。奇跡のシェアが広がっていく。（布久保麗奈・新谷はるか　作）

腐敗のイメージ

みんなを助けようとモヤモヤしながら動く精一杯の自分。硬板層がある為全てと繋がる中真からの声に気付けず外に求めた結果、思考が暴走。助けたい相手からもエネルギーや時間を奪い周りが衰弱。（布久保麗奈・新谷はるか　作）

第2章　コロナ後の社会の姿

森　賢三

コロナ後の社会の姿を考えるとき、そのお手本は自然界（微生物の世界など）にあります。第1章で全てを説明しているわけではないので、必要に応じて随時補足していきますが、基礎知識としてぜひご理解いただきたいと思います。

1．コロナ前の思想

2020年

コロナ前の私たちの世界がどのような世界であったのか、そこにどのような設計ミスがあったのかから振り返っていきたいと思いますが、その転換点となる2020年にいったい何が起こったのでしょう。

2020年コロナが世界中を席捲しました。2020年の8月5日時点で、世界の感染者は1880万人を超え、死亡者も70万人を超えました。一方日本では、感染者が4万人を超え、死亡者は約1000人です。

とても短い時間で世界中を一気に巻き込んだのは、中国で初期対応を間違ったこともありますが、これまで人類が構築してきたグローバリズムによるところであることは異論がないでしょう。このシステムのどこに問題があったのかを本章で明らかにしていきますが、日本の感染者数や死亡者数がとても低かったことも驚きです。

感染者数が少なかったことは、ＰＣＲ検査のルールが各国で異なるので、比較することに意味がないかもしれませんが、死亡者数の少なさはほぼ間違いはないでしょう。超過死亡（直近5年の平均死亡者数）と比べると、コロナで亡くなられた方はもう少し多いのではないかともいわれていますが、公開されている数字はほぼ実態に近い数字と思われます。むしろ海外では実際の死亡者はもっと多いように感じます。ですから実際はもっと差が広がっているかもしれません。

感染が広がり始めた初期においては世界中から日本の対策はとても手ぬるいという批判が出ていましたから、この違いは世界に驚きを与えました。では何が違ったのでしょう。

一つは日常生活の中で清潔を保つという習慣が身についていることが大きいです。例えば神社への参拝では、手水舎で手を洗い口をゆすいでから参拝します。決して神域に「ケガレ」を持ち込まないという覚悟が日本人の遺伝子に刷り込まれています。これは家においても同じで、玄関で靴を脱ぐことも大きいでしょう。マスクの着用も日常的に行われています。

二つ目はやはり食生活です。フランスの研究で、新型コロナウイルスで亡くなった人は、腸内のビフィズス菌等が減っていたという報告があります。日本では日常的にみそ汁などの発酵食品を食べていますから、食生活が悪化している今日においても、他国より恵まれているのは明らかです。ヨーロッパの食生活には詳しくありませんが、アメリカの死亡者数が圧倒的に多い事実は、食生活が大きいように感じます。

他にもトイレの水洗化など豊かな水に守られていることなどが考えられますが、予防の意識が高く、かつ感染しても自ら治すという免疫力の力が、日本を守ってくれています。私たちのご先祖に心から感謝しながらも、その知恵を絶やすことなく未来に引き継いでいくために、基本に立ち返る時が「今」です。

グローバリズム

話を元に戻しますが、コロナが一気に世界中に広がったのはグローバリズムによってです。そしてグローバリズムは腐敗モデルの典型的な例です。

グローバリズムとは、対象エリアを広げ、効率的にエネルギーをかき集め、一部の人間に富を集中させるシステムです。このようなシステムを構築するためには、システムは単純なものでなければなりません。複雑であれば様々なところにエネルギーロスを生み出すからです。そしてマニュアル化されなければなりません。人間を歯車として活用し、いつでも交換可能にするためです。さらにボーダーレスでなければなりません。判断基準を経済（利益）のみに特化させるためです。

このことによって、安い労働力と安い資材を組み合わせ、高く売れるところに効率的に運搬し、高く売りさばくことが可能となります。高く売るといっても薄利でもいいのです。大量に動かすことで大きな利益を生み出します。ですから私たちにとってその価格はとても魅力的に映ります。しかし安さには必ず理由があります。安い労働力／手間をかけない／地球のストックを食いつぶす／役に立たなくなったら使い捨てる・・などです。

コロナはこのシステムがいかに脆弱であるかを私たちに教えてくれました。サプライチェーンという名の、上に立つ人間にとってとても都合の良いシステムが簡単に崩壊しました。彼らはこれまで、何か問題が起きればそこを切り捨て、他と差し替えることで乗り越えてきました。リスク対策に投資することは彼らにとってはロスなのです。しかしコロナ問題は世界中で起きました。差し替えるという常套手段が封印されました。

もう一つの大きな成果は、中国リスクを顕在化させたことです。グローバリズムと中国はとても相性が良いことに気づきました。それはどちらも同じ設計思想だからです。共産主義が正しいかどうかはコメントしません。しかしそこで語られる思想がたとえ理想であったとしても、他の思想を排除するというこの一点において、この思想は不健康です。

コロナ前は世界中が中国に飲み込まれ、中国とともに崩壊していくという可能性がありました。このリスクがあぶりだされたことは大きな成果です。しかしそれで中国リスクが低くなったかというと話は別です。戦争などの直接的リスクが高くなったように感じます。

コロナ後、グローバリズムが元の姿を取り戻すことはないでしょう。少なくともシステムの前提条件であるボーダーレスが復活することはないでしょう。だからと言って私たちが正しい道に進めるかどうかを保証するものではありません。グローバリズムによって膨大な富を築いてきた人たちがいます。彼らはどんな手を使ってもその地位を守ろうとします。その力と対抗しながら、正しい道を進む方法はあるのでしょうか。

人の内面は発酵と腐敗の両者の間を絶えず揺れ動いています。しかしその揺れが一瞬止まる瞬間があります。それはお金を払う瞬間です。お金は中立であり、お金自身は良くも悪くもありません。そのお金の性質を決めるのはお金を使う人間次第です。

私たちにすぐできることは、そのお金の使い方に意識を向けることです。安い商品は魅力です。その安さで助けられている人もたくさんいます。しかしその商品がその価格で売られているのには必ず理由があります。その価格の一つ向こうに意識を向けることです。その価格は企業努力によって生み出されたものかもしれません。しかし弱者からの搾取や地球からの搾取によるものかもしれません。エネルギー（お金）を発酵と腐敗のどちらの世界に投入するかを決めるのは私たちです。

私たちは価格以外の選択肢も少しずつ増やしていかなければなりません。その為には、その商品に乗っかっているエネルギーの存在を感じられるようになることです。商品に「あたたかみ」を感じたことはありませんか。その正体は、生産者や流通に携わっている人たちが発した「愛」という名のエネルギーです。

このエネルギーを感じるためには、人と人とのつながりを再生していかなければなりません。グローバリズムはボーダーレスという名のもと、人と人とのつながりを切断してきました。これを再生し、商品の向こうに誰かの顔が思い浮かぶようになったら、エネルギーの存在も感じることができるようになります。

不健康な社会は価値観の貧困化によって引き起こされます。それは経済至上主義が根っこにあります。私たちはグローバリズムと闘う必要はありません。グローバリズムより魅力的な世界を生み出せばよいのです。

多様性

グローバリズムと対極にある思想が多様性です。複数のものが同時に同じ場所に存在するだけでは多様性とは言えません。一つひとつが単独で自立していることが必要です。そしてお互いが関係性を築いていることです。それは競い合いながらもお互いを受け入れていることです。これが発酵モデルでした。そして、このような関係が構築された場においては、何らかの理由でその一部が破壊されたとき、自律的にその場所を修復していきます。細部を見れば変化していますが、全体は何も起きなかったように見えます。これは免疫機能と同じです。

一方グローバリズムは、自然界においてはそのようなシステムは存在せず、人間が思考によって生み出したシステムです。なので、その一部が破壊されたとき、人間が思考によって対策を見つけ修復していかなければなりません。絶えず人間による管理を必要とします。

グローバリズムは腐敗モデルと述べましたが、実は自然界においても腐敗という現象は存在しません。自然農法で育った作物は腐りません。腐らずに枯れていきます。腐るという現象は人間が関与してバランスを崩したものにのみ起こります。動物の死骸は腐るように思いますが、本来の姿は他の生き物のエサとなります。腐る前に使命を果たします。

商品やサービスの選択に際して、価格以外の価値を見出していくことが、多様性を社会に根付かせていくことになります。市場には価格以外の異なる強みを持つ商品が並ぶこととなり、お互いが切磋琢磨して成長します。人によって価値観は多様ですから、価格以外の価値が本物であれば、必ずその商品は生き残ります。どの価値が正しいかという正解はなく、その商品・サービスを選択する「私の答え」があるだけです。そして「私の答え」を日々探すことによって、「私の個性」が磨かれます。

都市化

グローバリズムと同じ設計思想で作られたのが都市（一極集中）です。グローバリズムは単純化することで経済効率を高め、都市は集中によって経済効率を高めます。そして一か所に多くの人間を集めるために、様々な機能はそぎ落としていきました。すなわち単純にしなければ集中させることができません。

この結果、都市は都市のみでは自立不可能となりました。食やエネルギーなど様々な機能を外部に依存することで成立しています。

都市には都市の役割があるのでグローバリズムほど全否定はしませんが、都市のみでは自立不可能であることを受け入れその課題と正面から向き合うことが必要です。一か所に人間を集中させるとエネルギーの集中（購買力）も起こります。その強みを武器に都市を支えてくれている外部から搾取してはグローバリズムと同じ道を歩みます。このため都市住民は、他の地域の人以上に、自分たちを支えてくれていることに思いを寄せて、価格以外の価値に重きを置く必要があります。

集中によってエネルギーも高まると述べましたが、エネルギーが高まるとそこに引力が生まれます。周りのエネルギーを吸い寄せる力です。地方の政治家は地方の活性化を願って高速道路を誘致します。しかし無事高速道路が開通しても、それは地方を守っていた結界に穴をあけることで、引力が働き地方のエネルギーが都市に吸い上げられてしまいます。この現象は都市に問題があるのではなく地方に問題があります。地方のエネルギーバランスが崩れているから吸い上げられてしまいます。地方のエネルギーを高めていけばエネルギーの流れは逆転します。エネルギーの強さは人間の数では決まりません。一人ひとりが発するエネルギーは無限の高さまで引き上げることが可能です。

私たちは都市問題を解決するために多くのエネルギーを浪費するよりも、地方の魅力を向上させるための努力を重ねるほうが有意義です。そして地方の魅力は、そこに暮らす一人ひとりの魅力によって形成されていきます。多くの地方が光り輝くことで、エネルギーの流れは逆転し、都市問題は解決していきます。

循環

都市問題の根っこは自立していないことにあります。自立していないとは循環の環が閉じていないからです。次に循環とは何かを考えます。

循環というと、水の循環が思い浮かびますが、環境問題で循環というと、物質循環を指し、循環型社会とは廃棄物の排出をできる限り少なくした社会づくりのことです。循環は閉じていることが重要で、廃棄物として環の外に出さないことが重要です。

そもそも自然界には無駄なものや捨てるものはありません。廃棄物という言葉を作ったために問題が生まれました。ですからこの言葉を消していけば循環は再生されます。「混ぜればごみ、分ければ資源」と言われるように分けるだけでも消していくことができますが、できれば次の人に手渡すところまで意識したいところです。自分にとっては不要だけれども、それを必要としてくれる人により良い状態にして渡していくことです。捨てるのではなく与えます。与える連鎖が循環となります。これは発酵で仕事のバトンを渡していくのと同じです。

物質（資源）という視点で見ると都市は資源の宝庫です。鉱山は間もなく姿を消すと予測されていますが、人間が必要とする鉱物はすでに十分世の中に出回っており、それらを回収して再生させていったほうが少ないエネルギー（コスト）で賄えます。都市はまさしくスクラップアンドビルドの時代に入りました。その状況を指して「都市鉱山」と呼ぶ人もいます。

実際に道路や橋など様々なインフラは耐久年度を過ぎてきており、メンテナンスが必要です。しかし政治家は新しいことをしないと票に結びつかないので、そのような問題には目をつぶってきました。しかし現実は待ったなしです。昔の古いものは捨てるのではなく、新たな命を吹き込んでいかなければなりません。これは昔に戻るということではなく、今と融合させて今に生きることです。古民家も古着もそして農法も同じです。

「最新」はそれだけでは存在しません。過去からの連鎖があって最新があります。絶えず原点に戻りながら次のステージに進むことが重要です。

循環の基本は土にあります。有機物を原点に戻す仕事が土の中で行われます。我が家では、生ごみはすべて堆肥化されて畑に投入されます。枯れたみかんの木は薪として持ち帰り、お風呂の水を温めます。そしてその灰も畑に戻します。土とともに暮らす生活はいつも原点と向き合うことができるので人生を豊かにしてくれます。このような生活を都市で行うことは難しいので、一人でも多くの人が地方で暮らすことをお勧めします。しかし、地方には仕事がないといわれます。確かに求人は少ないですが仕事はあります。山ほどあります。必要以上の収入を求めるかどうかです。豊かな人生を歩くことを目指すなら、可能性はいくらでもあります。ただし、いきなり地方に飛び込んでもうまくいきません。地方は閉鎖的と言われますが、それは人と人の縁を大切にしているからです。まずは人の縁を丁寧に結ぶことです。無鉄砲に飛び込んではいけませんが、丁寧に足を運べば必ず道は開けます。

コロナが教えてくれたこととして、都市でなくても仕事ができるということに多くの人が気づきました。地方で新たな仕事を見つけていかなくても、今の仕事を背負って地方に暮らすことも可能な状況も生まれてきました。会社においても在宅勤務やサテライトオフィスといった働き方が増えていきます。これはコロナとともに生きていくためにも、そして防災の面からも有効です。循環は小さく自分の近くに構築していきましょう。食糧も水もエネルギーも、自分が関与できる範囲にその循環を確立していくことが自分の命を守ることにもなります。

循環は小さく作ります。そして人と人の縁を大切につないでいきます。それは小さな循環をつないでいくことになります。小さな循環がつながることで大きな循環も生まれます。しかし最初から大きな循環を目指すと、細部に手が届きません。

小は大を兼ねますが大は小を兼ねません。

そして循環は必ずスタート（原点）に戻ります。農哲でいう「命の原点」も循環の原点です。エネルギーも意識もすべてが原点に戻ります。自分が発したエネルギーも必ず自分に帰ってきます。それは悪いエネルギーも良いエネルギーも同じです。しかし戻ってくるまでに時間差が生まれるので、自分が発したエネルギーであることを忘れているだけです。

今とても苦しい状況にいる人は、その原因は実は過去に発した自分のエネルギーかもしれません。まずは自分の中にその原因を探してみてください。

循環の中でも最も尊い循環は「命の循環」でしょう。すべての生き物は他の生き物の命を支えることで生かされます。命の最後は他の命の為に差し出され、そこに苦痛はありません。しかし人間は「他の命に生かされている」ことを忘れ、感謝の気持ちもなくしていきます。それは自然の中に貫かれている法則から外れることです。小さく外れると、揺り戻しによって気づきなさいというサインが送られますが、大きく外れると人間の存在自体を消されます。今人類に起きていることは、人類にとって大きな分岐点であることを教えてくれています。私たち人類はどの道を歩くのでしょう。そして私たちのこの命はどこに帰っていくのでしょう。

国境という名の結界

第1章では取り上げませんでしたが、循環・自立のメカニズムも、コロナ後の世界再生を考えるうえで重要な視点となります。健康な社会を設計するためには「閉じていること」が大切となってきます。

今回のコロナによって、人間が非常時にどのような行動をとるのかを学びました。どの国も、まずは自国民の命を守ることを最優先しました。それはとても当然のことです。そして非常時に食糧問題が勃発した時、自国民の命を危険にしてまで、食糧を他国に引き渡す国はないでしょう。仮に平時に毎年の出荷の約束を交わしていたとしてもそれは平時にしか通用しません。非常時にはその約束は紙くずとなります。

コロナ後の日本を再生させるために、日本に健康を取り戻し、日本人の命を守るために、日本人は日本の農家と心中する覚悟が要ります。そして日本の農家は現状のままで日本人の命を守ることができるのでしょうか。カロリーベースの食糧自給率は令和元年度でたったの38％しかないのです。それでも私たちが命を守らなければなりません。食の健康を取り戻しながら量も増やす。こんな二兎を追う農法に今から取り組まなければなりません。

食の健康といえばこんなエピソードがあります。無農薬で野菜を作っている友人のところに、某国の富裕層から、「君の野菜を高く買う！」という話が持ち込まれました。友人がその話を断った後、ボソッとつぶやきました。「なんで僕があの国の人々の健康（命）を守らなければならないのだ。」

私の中にも全く同じ感情があります。私が日々農作業を頑張れるのは、ご縁があった人々の健康に少しでも貢献したいという想いです。どれだけ大金を積まれても、私のみかんが国境を越えることはないでしょう。しかしコロナ前は経済的価値を最大化するため、グローバル化という名のもと、様々な作物が国境を越えていきました。それが全てダメとは言いません。しかし、国境を守るべきものとして意識してこなかったことは反省すべきことです。国境は私たちの命を守る結界です。

自衛隊

話は変わりますが、自衛隊の問題も本質は同じです。自衛隊が合憲か違憲かという議論が延々と続いていますが、いったいこの議論は何なのでしょう。

私たち日本人は決して他の国を侵略しないということを、日本人の決意として決めることができます。しかしその逆は日本人として決めることはできません。有事に巻き込まれるリスクは絶えずあります。有事の際に、日本人の命を守るために自らの命を投げ出してくれる外国人はただの一人もいません。それが約束事としてあったとしても、平時の約束は平時でしか通用しません。有事の際に日本を守ってくれるのは自衛隊です。それは米軍でもなければ憲法学者でもありません。

非常時にどうなるかという想像力を持てない人は悲劇を通り越して滑稽です。

日本でコロナの発症が確認されたとき、多くの日本人がこのままでは日本でパニックが起こるのではないかと想像しました。しかしそのころ、国会では桜の花びらが舞っていました。本書で政治は語りませんが、コロナが人々の本質まであぶりだしてくれたことは良かったことかもしれません。

2・農法の転換

コロナ後の世界において最も優先されることは命を守ることです。そしてその命は農業によって支えられます。しかし、農業もグローバリズムの影響を強く受けているので、コロナ前は腐敗モデルで構築されている場合が多く、これまでの農法の延長線上に答えを見出すことはできません。農法をどのように転換していくのか、そのシナリオを考えます。

新たな価値基準「恵み」

コロナ前は腐敗モデルの農法であったとして、それをどのように発酵モデルに転換していくかということですが、自然農が発酵モデルで慣行農が腐敗モデルとは単純には言えません。第1章でも触れましたが、仮に化学物質を一切使用しないのが自然農で、使用するのが慣行農としたなら、化学物質を使用していても発酵モデルとなる農法はあるし、その逆もしかりです。

農業は継続していかなければならないので、腐敗モデルでは駄目であることは確かなのですが、命を守るためには生産量も確保しなければなりません。その為には多くの農家が実践できる新たな農法を確立していく必要があります。

その為には、慣行農／自然農という区分だけではない、新たな価値基準を導入していくことが必要で、それを「恵み」としておきます。そして日本の農業を考える前に世界で取り組みが始まっている新たな農法へのチャレンジを紹介します。


世界の農業といえば、アメリカでの大規模農業やアジアなどでの焼き畑農業などが思い浮かびますが、いずれの農業においても、表土流出等によって作物が育たないといった非常に厳しい局面を迎えています。しかし、そのような不毛の畑を短時間で再生させるといったうれしい事例も多数報告されるようになりました。

畑として機能するためには、土の中にいつでも作物が利用可能な状態で有機物がストックされていなければなりません。それを「肥沃度」と呼んでいますが、肥沃度とは過去の微生物が仕事をした成果であり、土の貯金です。しかし畑で作物を作るということは、その成果を農産物として園地外に持ち出すことでもあるので、どうしても貯金が減ってしまいます。その貯金を減らさずに維持していくこと、さらにはその貯金を殖やしていくこと、それができてこそ、その農法は発酵モデルだということができます。

そして「肥沃度」は大気中の炭素を土中に固定化した結果でもあります。「肥沃度」を高めることは地球温暖化対策としても注目されています。

アメリカなどで実践されている大規模農業（プランテーション）を見てみましょう。大きなトラクターが走り回り、地平線まで畑が続いているような景色はだれもがテレビなどで見ていると思います。しかしあのような農法が成立するのは、表土に貯金があるからです。しかしその貯金はどんどん浪費されていきます。さらに雨による表土流出も起きて、あっと言う間に荒れ地となり、別の農地を求めて移動します。しかし今日ではそれもできなくなってきたので、大量の化学肥料を投入して何とか畑を維持しようとします。しかしその化学肥料も貯金です。さらに言えばトラクターを動かしているガソリンだって貯金です。

私たちの日常の多くは過去の貯金を使い果たすことで維持されています。私たちは腐敗モデルによって生かされています。ですから必ず「終わり」（文明崩壊）が来ます。

しかし、世界の各地で荒れた畑を再生する取り組みが始まっています。新しい農法のキーワードは「不耕起／被覆植物／輪作」です。まず表土流出を止めなければならないので、不耕起が基本となります。次に表土を緑で覆う（マルチ）ため被覆植物を育てます。そして単作だと土中の成分のバランスが崩れるため、多様な輪作を進めています。その結果、肥沃度（貯金）は回復し、収穫（収入）が安定し、経費（肥料代など）も大幅に削減できました。よいことだらけですが、このような農法は場所が変われば答えも変わります。マニュアルは通用しないので、自分で答えを見つけなければなりません。さらに妨害する勢力もあります。どのように広げていくかが今後の課題です。

日本での転換

日本の場合は、後継者問題で畑が放棄されたり、自然災害で大きなダメージを受けることはありますが、海外のような深刻な状況までは進んでいません。しかし食の貧困化は確実に進行しており、今このタイミングで農法を見直していかなければ、いずれ日本も終わりを迎えます。

第1章では私が実践する農法を紹介しました。その農法では、有害物質を完全には取り除けていないリスクが潜んでいます。そして「化学物質を絶対使用しない」と考えることは不健康な農法であるとも述べました。しかしそれは、私の農法を正当化するためのものではなく、私の農法がコロナ後の農法の見本となるかどうかという点においても、その答えは「ノー」です。それは多くの農家がすぐにでも実践できる農法にはなっていないからです。

身体の健康を確立するためには、大腸の微生物によって微量栄養素をしっかりと生み出し、その恩恵を細胞の隅々まで届けることが必要です。その為には食の改善が不可欠でした。農作物に含まれるミネラル等の微量栄養素は確実に減少しており、10分の1以下まで減少しているという報告結果もあります。この微量栄養素の含有量を増やしていくことが課題であり、日本における「恵み」という新たな価値基準は、「栄養素」としたいと思います。

そして、本来の農作物に含まれる栄養素を100とした時、現在の農作物の栄養素は50とします。実際にはもっと少なくなっている可能性がありますが、あくまでも仮の話です。この50というスコアをいきなり100に引き上げるのは非常に困難です。もちろんそれを実現している農家はいますが、すべての日本人に農作物を届けることを前提とした場合、一人でも多くの農家が実践できる農法でなければなりません。であれば、目指すゴールは100ではなく、70〜80として以下の条件を満たす農法でなければなりません。

・誰もが実践可能な農法であること
・農作業の手間も今まで以上の負担がかからないこと

・安定的（継続的）に収穫ができて、収入が保証されること
・農法を切り替えることによって付加価値が生まれること

こんなうまい話はあるはずがないし、あればとっくに皆が実践している・・かもしれません。しかしこのような農法を見つけることはそれほど難しいことではありません。

それは自然農か慣行農かという二者択一の世界ではありません。現在はこの両者の間に境界線が引かれていますが、その境界線を消していく（両者を融合させる）先に答えがあります。

自然農はある意味、昔の人々が実践してきた農法でもあります。そこにはたくさんの知恵が使われていました。しかし「近代化」という名のもとそれらの知恵の多くが捨て去られてきました。それらの知恵をもう一度掘り起こしていくことが大切です。

私が実践する乳酸菌栽培は、昔は「天恵緑汁」という名で実践されていたものを自己流に改良しました。また、ワカメやカキ殻、魚粉といった海の恵みも昔は積極的に園地に投入していました。私が実践する自然農は昔の知恵に支えられたものですが、その知恵を活用しながら今日の農業（慣行農）として開発されてきた様々な農薬や技術等も適切に使用していくことで、70～80を実現する農法は手に入れることができます。

しかし問題はもっと別のところにあります。このような農法を実践するための動機

づけを農家に与えることが難しいのです。この「恵み」を指標として数値化（見える化）できればいろいろな可能性が生まれますが、長期的な目標は定めつつも、今できるところから取り組み、まずは食糧自給率を１００％に近づけることが、最優先課題となるでしょう。そして日本の農業を変えるためには消費者の協力が不可欠となります。

消費者の意識

農家は「売れるものを作る」ことでしか生きていけません。最終的にはお金を出す人が一番強いので、消費者の意識が変われば、農家も変わるよりほかに手段はありません。

具体的には消費者の意識と行動を以下のように変えるだけです。

・農作物を購入する際には、見た目や安さではなく、栄養素がしっかりと含まれているものを買う。

しかしながら、「見える化」がなされていないと、どの商品が良いのかを見抜くことができません。そこで、

・近くで栽培された農作物を優先的に購入する
・それができない場合、国内産の農作物を購入する

・並行して無農薬栽培の野菜等を探す努力をし、見つけた場合はその農家を応援する

ここで「国内産の農作物を購入」に異論のある方がいるかもしれません。「日本は農薬消費大国であって使用基準が緩すぎる。厳しいガイドラインの下で栽培された外国産のほうが安全である。栄養素の高い作物を選べと言っておきながら、危険な日本の作物を買えというのは矛盾している！」

私は外国産が安全だとは全く思えないのですが、仮に日本の農作物のほうがリスクが高いとしても、それでも国内産の作物を今すぐにでも買って頂きたいのです。

しかしこのような議論はあまり意味をなさないかもしれません。次節でも述べますが、コロナ禍がさらに深刻になっていくと、輸出入の機能が徐々に停止していきます。「国内産を選ぶ」以前に「国内産しか選べない」状況になる可能性が高いと考えています。

3・新たなる社会への転換

コロナ後に向けた農法の転換を見てきましたが、農業を含めて社会全体がどのよう

に転換していくべきかについて見ていきます。

2021年以降（近未来予測）

ここまで本書では、コロナ禍が一気に世界に広がったのは、人類が構築してきた今日の社会が不健康であったためで、それは腐敗モデルであったからだと述べてきました。そして本来の社会はどのように設計されるべきであるかという、発酵モデルの事例を示してきました。

しかしそのモデルは決して新しい考え方ではなく、これまでも多くの人々が提言してきました。しかし人類は経済至上主義という名の思想に洗脳され、聞く耳を持てなかったのです。しかしコロナ禍によってその洗脳は徐々に解かれようとしています。今であれば多くの人に届けることができると信じています。しかし問題は「今から」です。

本来のあるべき社会の姿が多くの人とシェアされ、そこに向かおうと意思確認できたとして、今が平時であれば、時間をかけて少しずつ転換させていくことも可能でしょう。しかし私たちはコロナ禍という非常事態だからこそ、そのことに気づけました。そしてその非常事態は今も続いています。私たちは社会の転換を、平時ではなく非常事態の中で行わなければならないのです。本書で理想論を述べ、「でももう手遅れですね、残念でした〜」で済ますわけにはいきません。何とかこの人類最大の難局を全員の力を合わせて乗り切るしか選択肢はないのです。

そのために政策提言まで話を進めていきますが、政策提言にはその前提条件（社会予測）も明らかにしておかなければなりません。これがなかなか厳しい・・・。

今この原稿を書いているのは２０２０年７月です。日本においてコロナ禍はいったん収まりかけましたが、非常事態宣言が解除された後、再び感染者が増加して第２波が来たのではないかと言われています。一方世界では全く収まる気配が見えません。まだまだ出口が見えず、状況は刻一刻と変化しています。「この先このような課題が私たちの目の前に現れてくるので、こんな対策（政策）を進めていかなければならない」と書いても、この本が出版されて皆さんの手元に届くころには状況は大きく動き、これから述べる前提条件の答えがすでに出ている可能性があります。この本を手にしている皆さんは既に答えを知っているのに、知らないのは私だけかもしれません。そんな内容を書いていきます。「見事に外したね〜」と皆さんに笑い飛ばされることを願って書きます。

まず、７月時点で第２波が来たのではないかと言われている状況については、これは第2波ではありません。なぜならコロナは大きく変異していないからです。2020年の夏の状況は、第1波がまだ終息していないという状況です。そしてコロナの第2波は2020年の晩秋から2021年の早い時期にやってきます。そしてそれは感染力が強く、致死率もさらに高まります。免疫力が高いはずの若者も感染して命を落とすリスクが高まります。これは私の予測ではなく、多くの研究者の予測でもあります。

そして2020年の夏までの推移を見る限りにおいては、100年前に流行した「スペインかぜ」と言われているパンデミックと非常に類似しているという指摘もあります。スペインかぜの第1波は春と夏にピークがあり、感染力は非常に高いものの、致死率は低い状況でした。ところが晩秋から発生した第2波では一気に致死率が上昇し、さらに第3波まで発生しています。

なぜこうなるのでしょう。それはコロナも生きたいからです。すべての生命は攻撃を受けることで進化します。2020年、コロナは自分の意に反して世界中に一気にその勢力を拡大しました。その結果、人類VSコロナの全面戦争が起こります。世界中でどのような刺激がコロナに有効かを必死で探します。人類の英知をかけてコロナを攻撃します。その結果としてコロナが進化します。感染力も致死率も何倍にも強化されたニューコロナは確実に世界のどこかで誕生します。ここまでは１００％と断言できます。問題はそれがさらなる脅威として人類を席捲するかどうかです。これは１００％と断言できませんが、可能性は高いでしょう。

そして第２波に襲われたとき、人類はどうなるかです。

日本は第１波を乗り越えることができます。第２波も被害がどの程度生まれるかは予想できませんが、きっと乗り越えます。しかし世界はどうでしょう。第１波でもとても大きなダメージを受けています。その波が終息するかどうかというタイミングでさらに強力な第２波に襲われたらどうなるでしょう。

世界が崩壊します。それは５年後や10年後の話ではなく、２０２１年です。

話は変わりますが、私たち農家はほとんどの作業は屋外で行います。ですから絶えず天気予報をチェックして作業の段取りを決めていきます。そして、今日は雨予報だからのんびりするか・・などということはなく、雨が降り出すギリギリまで作業します。雲の動きや空気の変化を感じながら、雨が降り出すタイミングを予測しながら作業します。そして雨が降り出すのですが、多くの場合この雨はいったん止むのです。この現象が全国共通かどうかわかりませんが、私が住む地域（和歌山・下津）では高い確率でいったん止みます。これを仮に「予告雨」と名付けるなら、次に来る「本降り」に備えて、「予告雨」と「本降り」の間で作業の片付けなど行います。もちろんこのパターンが外れる場合もありますが、多分これが自然のリズムではないかと感じます。

２０２０年のコロナ禍は「予告雨」です。第２波が「本降り」です。本番はこれからなのです。

第２波は来るという予測はマスコミ等でも目にしますが、第２波が来たらどうなるかという予測は結構ばらついているように感じます。以下に示す予測は素人予測ですが、その可能性は高いと思います。

世界が崩壊すると、グローバル経済は成り立ちません。輸出入が随時機能停止していきます。これは第１波でもすでに一部で現実化してきていますが、第２波でさらに顕在化します。その結果、最も象徴的な出来事として、スーパーから商品が消えます。特に輸入物の農作物が消えます。世界発の食糧危機が日本を襲います。これもコロナの第２波と前後して２０２１年に顕在化していきます。

スーパーから商品が消えるという現象を私たちは既に経験しています。東日本大震災の時がそうでした。しかしあの時は１～２か月を乗り越えれば徐々に機能は回復していくという希望がありました。援助物質も随時届きました。しかし今回は全国のスーパーから消えます。どこからも援助の手は届かず、ましてや海外からの援助など絶対にありません。そしてこの状況はさらに何年も続きます。すべての国民がサバイバルゲームに巻き込まれます。

コロナの直接的な脅威によって人類がどこまでダメージを受けるのかを予想するのは困難です。しかし、昔の流行時にはなかった最先端の治療技術が人類の命を守ってくれるでしょう。問題はその後です。コロナによって仕事を失った。貯えもなくなってきた。目の前から食糧が消えていく・・・。コロナの不安にさらされながら、次々と新たな試練が目の前に現れ、さらに様々な自然災害が人類を襲う。そんな現実に見舞われたとき、人類は「正気」を保つことができるでしょうか。

崩壊はいつも内部から起こります。今の文明が滅びるとしたらそれは「自滅」です。コロナは単なる「引き金」でしかないのです。その分岐点が2021年にやってきます。

国境という名の結界再生（農業編）

ここまで深刻な近未来予測をしてきました。それでも日本は世界の中では恵まれているはずなのです。正気を保ちながら、この難局を乗り越える力があります。日本は守られています。

2021年の最初からいきなりこのような状況まで進むかどうかはわかりません。時間の問題とは感じますが、まだ社会が正常であるなら、ぜひスーパーの棚の変化をチェックしてください。必ずどこかに変化が生まれているはずです。そして自然災害を想定した備蓄が十分かどうかをチェックしてください。保存食などの備蓄は増やしてください。命を守るために今できることはどんな些細なことでもやりきってください。そして一番言いたいことは「今すぐ都会を脱出せよ！」です。しかしこればかりは簡単にはできません。でも動ける環境にいる人は、実行してください。それが都会に残る人の命を支えることにもなります。

このような状況が現実となってきたとき、政治は何から取り組むべきでしょう。日本国民の命を守ることが最優先課題となります。その第一が食糧であり、次がエネルギーです。日本の結界を再生し、自立した国を至急取り戻さなければなりません。

農業についてはすでに述べましたが、やはり大きな課題は食糧自給率38％（令和元年度のカロリーベース）という数字です。しかしこの数字は政治が誘導したものであって、日本の国土は十分自国民をまかなうだけの力を持っています。すぐに取り組むべきことは耕作放棄地を開墾して畑として復活させることです。都会では大失業時代を迎えるので、労働力は確保できます。しかし畑に戻してもプロの農家が対応しないと生産活動はできません。土地は確保できるがプロの農家が不足しているのが直近の課題です。プロの農家に素人の労働力を派遣し、プロ＋素人で何とか生産量を倍増させていくのがこの２～３年の取り組みです。その後は、素人として参加した人たちから覚悟のある人たちを選び、農家としてひとり立ちさせていきます。

ここまで進むと農法を考える余裕もできます。前節に戻ってあるべき農の姿を新たな担い手も交えて考えていきましょう。

国境という名の結界再生（エネルギー編）

エネルギーは第１波の時に石油が暴落したように、コロナの影響はあまり受けず、むしろ価格が下がるので、優先順位が低いようにも感じます。しかしエネルギーの自立なくして本当の国の自立（結界の再生）はありえません。日本が第２次世界大戦に引き込まれていったのは石油を止められたからです。

幸い日本はエネルギーの宝庫です。太陽光・水力・風力・バイオマス・波力・地熱など、多様なエネルギーを取り出すことが可能です。日本で必要なエネルギーを日本で賄うことは十分可能です。しかし問題は「電気はストックできない」という点にありました。電気は必要な時に発電しなければなりませんでした。しかし自然エネルギーはその多くが不安定です。ですから本流とはなりえず、あくまでも補完的な位置づけにしかなりませんでした。しかし蓄電池技術が大幅に改善された今では、この問題も解決し、後は政治が決断するかどうかです。そしてエネルギー転換を決断すれば、そこには膨大な仕事が生まれます。

地方は多様であり、地域によって取り出せるエネルギーも多様です。地域ごとに計画を立て設備等オーダーメイドで作っていかないといけません。とても手間がかかる仕事ですが、そこに新たな仕事が生まれます。ここでも農業同様エネルギーの専門家が絶対的に不足しますが、建設業などは不況となるので、機械に詳しい技術者も確保できます。また、バイオマスなどでは単純労働も生まれます。

コロナ禍によって不況の影が迫っている中、「農業」や「エネルギー」はニューディール政策に匹敵する政策となる可能性があります。

それがエネルギーに今すぐ取り組むべき大きな理由の一つですが、これまでもエネルギー転換に取り組むチャンスはあったのです。しかしエネルギーには膨大なインフラがすでに整備されています。エネルギー転換を拒んできたのは既得権という大きな壁です。しかしこの既得権も平時だからこそ行使できました。非常事態においてそれは紙くずです。今こそこの既得権を壊しておかなければなりません。

そしてこのエネルギー転換は、自然災害対策としては最優先で取り組まなければならない課題です。既存のエネルギー体系も当面は残しておけばいいのです。両立して動かしていくことが可能です。しかし自然災害で地方が孤立した時、独自のエネルギーを取り出せるかどうかが死活問題となります。エネルギーは国単位ではなく地方単位で自立させていかなければならず、地方の結界も再生していかなければなりません。


私たちはコロナ禍と向き合っているとき、ついつい忘れてしまいそうになりますが、異常気象が年々深刻になるという現実は何も変わっていません。そして自然災害も、東日本大震災クラスのものは必ず来ます。むしろコロナ禍をチャンスに変えて、この機会に防災対策を一気に進めることが重要です。また、働き方も急激に変わり、テレワークなどがますます浸透する中、人の分散が一気に進みます。これは実際に災害が起きた時、その被害を小さくすることにとても役立ちます。日本は守られている！

そう確信できる状況にきっとなります。

政治の再生

私たちは一人の生活者として、また民間の立場でできることから取り組んでいくことが重要ですが、国の姿を変えていくためには政治のリーダーシップに頼らなければなりません。

しかし日本の政治を外から眺めている限り、この人たちに国民の命を預けても大丈夫なのかと強い不安に襲われます。他人の批判しかできない政治、自分の言葉で語れない政治にはうんざりします。政治家こそが哲学を語らなければなりません。コロナ禍においては、様々なところに課題が現れてきます。個々の課題に丁寧に対応することは大切ですが、表層的な課題に右往左往していてはこの世界を変えることはできません。中庸の柱を打ち立て、新しい世界を生み出すのは政治家の仕事です。コロナ禍をチャンスととらえ、腐敗モデルから発酵モデルへと大転換させることができるのは政治家の決断だけです。その決断で「延命」か「再生」かが決まります。

先ほど既得権の話をしました。既得権はエネルギーの流れを止めるので腐敗が生じます。既得権という言葉ですべてを悪と決めつけることは危険ですが、すべてのものは時間の経過とともに硬直（老化）し、硬直はエネルギーの流れを阻害し、流れが止まると腐敗します。

エネルギーは絶えず流し続けることが大切で、目詰まりは定期的に除去していく必要があります。既得権の破壊は政治家にしかできない仕事です。なぜなら既得権は政治家によって生み出されたものだからです。しかし自分が生み出したものを自分で引導を渡すのも困難です。それをするために「政権交代」が必要なのです。各党が掲げる政策を実現するのは二の次です。まず最優先でなすべきことはお掃除です。

日本においても自民党から民主党へと政権交代がありました。あの時の国民の雰囲気は自民党の長期政権にうんざりし、「とにかく変えてくれ！　変えてくれるなら民主党の政策だって受け入れる。」ということだと私は感じていました。あの当時の民主党の掲げる政策に私は賛同していましたが、国民の過半数の賛同を得られる内容ではないとも思っていました。それなのに勝てたことの意味を彼らは理解していませんでした。

政治家を目指すなら、政権をとるという志を絶えず持っていていただきたい。そしてそれは自らの政治哲学を磨き続けることです。民主党に哲学がなかったことをすべての国民が見せつけられました。日本ではもう政権交代は起こりません。少なくとも民主党の流れをくむ政党は表に立つことはありません。

政権交代の起こらない日本において、コロナ禍は実質的な政権交代を生み出してくれました。ピンチをチャンスに変えましょう。この混乱に乗じて一気に国の姿を変えていく、このくらいの器の大きさを見せてほしいと心から願います。

4・「私」が主人公

ここまで限定的な分野を取り上げて、コロナ後の社会の姿を述べてきました。しかしこのタイミングでその姿を変えていかなければならない分野は他にもたくさんあります。産業・流通・観光・教育・・・など、人類がこれまで構築してきたすべての分野において、何らかの見直しが必要なのです。

個々の分野を担う人々が、自らの分野を振り返り、これまで取り組んできたことを「あたりまえ」とせず、健康・発酵・循環（自立）といった視点から現状を点検し、どこに設計ミスがあったのかを浮かび上がらせ、それを正していくことが必要です。

そんなことを言われても自分にそんな能力はない・・とあきらめないでください。あなたにできること、しなければならないことが必ずあります。いえ、この世界を変えるために、最優先で取り組まなければならないテーマは「あなたの意識を変えること」です。この社会を構成する一人ひとりの人間の意識が変わらなければ、この社会は変わりません。そしてあなたが変われば、この社会も変わります。

心の健康

健康のメカニズムでは、身体と畑の健康を取り上げました。それは微生物によって築き上げられた多様性を維持・向上させることでした。しかし、すべての健康の土台となるもう一つの重要な健康があります。それが心の健康です。

身体の健康では栄養素の整ったバランスの良い食事をとることが大切と述べましたが、同じ食事をいただいていても、その時の心の状態でその結果は違ってきます。人間の身体は高度な波動発生装置でもあります。感謝の気持ちも生み出せるし怒りの気持ちも生み出せます。感謝は高い波動を有し、怒りは低い波動を有します。前者は善玉菌と共鳴し、後者は悪玉菌と共鳴します。人間は生み出す波動を介していつも腸内微生物と会話しているのです。そして共鳴とはエネルギーの受け渡しでもあるので、前者は善玉菌が活性化し、大腸に送り込まれたエサから人間が吸収可能な栄養素を生み出し、エネルギーを受け取ったお返しをしてくれます。しかし後者はその逆で、毒素を腸内で生み出すリスクも高まります。いただいた食事を最大限に生かすためにも感謝の気持ちでいただくことが大切です。すなわち心の健康とは、感謝の気持ちを絶えず持つことであり、そのことが腸内微生物の力を最大限に引き出してくれます。

ストレス

人間の免疫力は栄養素のバランスによって発揮されます。必要な栄養素の一つが欠けただけでも、その免疫力は機能を停止します。一言で免疫力といっても様々なケースがあり、それぞれのケースに応じて必要となる栄養素は異なります。そして50種類以上あるといわれている必須微量栄養素は人間が自ら作り出すことができないので、食事として口から取り入れ多様な微生物の働きによって供給されます。ですからバランスの良い食事が大切であることはすでに述べました。

しかしいったん取り入れた栄養素も絶えず消費されていきます。免疫力が発揮されると栄養素は消費されてしまいます。怒り等の負の感情は、ストレスが原因となって生み出されます。ストレスから身を守るため栄養素が消費されます。感謝の気持ちで食事するということは、せっかく取り入れた栄養素を無駄に消費しないという意味もあります。

畑の健康では、農作物に含まれる栄養素が昔と比べて急激に失われている現状をご紹介しました。本書では根から栄養素が吸収されなくなっている原因を探りましたが、一度取り入れた栄養素も、植物がストレスを感じると人間同様にその栄養素を自己消費してしまいます。例えば農薬が葉にかかった時、化学物質という名の異物が体内に侵入しようとします。その異物を体外に押し返そうというデトックス機能が働き、栄養素は消費されていきます。

農作物に含まれる栄養素の現状が50だとして、それを70～80に引き上げるためには、土の健康を取り戻し、根から吸収される栄養素の量を高めていくと同時に、自己消費によって失われる栄養素の量を抑えていくことが大切です。

問題は植物が感じるストレスです。農薬等のストレスもあります。しかし作り手（農家）のストレスも植物は感じます。人間から発する負の感情は大腸の中の悪玉菌と共鳴しますが、それは土の中の微生物や植物の中の微生物とも共鳴してストレスとなるのです。

健康な作物は健康な作り手（農家）によって育まれます。

創造する力

社会の健康はその社会を構成する人々の多様な価値観と想像力によって生み出されます。そして想像力は他人を思う心によって育まれます。コロナで緊急事態宣言が行われているときも、「別にいいんだよ」といって自由に動き回っている人たちもいました。自分が感染したってかまわないということでしょうか。しかしそのことによって医療の現場がさらに追いつめられることや、自分の周りの大切な人たちを巻き込んでしまうといった可能性に思いがいっていません。

コロナの問題では、やたら人の揚げ足をとって批判をする人たちも目につきました。批判（指摘）も時には必要です。しかし批判の対象は、問題と正面から向き合い具体的な行動をとっている人たちです。非常時には実際に行動に移せる人が尊いのです。どんな思いで行動しているのかという想像力が欠如しています。

この世界の全ての問題は、一人ひとりの内面から生み出されます。問題を解決する答えも、一人ひとりの内面に既に存在しています。想像力とは、その答えを自分の内面から引き出す力です。そしてその力はすべての人に既に宿っています。問題は十分に発揮されていないという点です。その能力を取り戻せば、誰もが自分がかかわっている仕事（分野）のコロナ後のあるべき姿という答えを見出せるようになります。

どのようにすればその能力を取り戻せるようになるのかは、前作『農から学ぶ「私」の見つけ方』で紹介しているので、詳しくはそちらを読んでいただきたいのですが、コロナ禍での取り組みについて補足します。

個人の再生

コロナ禍においては多くの人が、
仕事がなくなる――お金が入ってこない――生活ができなくなる――生きていけな

い

という不安に襲われているのではないでしょうか。しかし、「仕事がなくなる＝生きていけない」では決してありません。仕事の問題と生きることとは全く別の問題です。どんなに苦しくても絶対に生きてください。日本であれば必ず生きる方法が見つかります。あなたが生きるために一歩を踏み出せば必ず道は開けます。

不安に襲われているあなたにできることは、不安から逃げることではなく不安と向き合うことです。この不安や苦しみがどこからやってくるのかを解き明かすことです。不安の正体は洗脳です。

私たちは誰もが、大なり小なり洗脳されています。意図をもって洗脳されている場合もあれば自分で自分を洗脳している場合もあります。しかし自分が洗脳されていると思っている人はほとんどいません。なぜなら、洗脳されていると気づいた時点でその洗脳からは解放されるので、「私は洗脳されていない」と思っている限りすべての人が洗脳されています。

しかし、洗脳にも大小あります。その度合いを自分で確かめる簡単な方法がありま す。

今回のコロナ禍で多くの人々が辛い状況を体験しています。辛いと感じている方は今の状況をお答えください。あなたの辛い現実に対して怒りを感じていますか。その怒りはどんなものですか。コロナが憎いですか。有効な対策が取れない政府に対して怒っていますか。あなたをクビにした会社が憎いですか。怒りの理由はいろいろあると思いますが、「怒りの原因は外にあって、そのせいで自分はこんなに苦しんでいるのに、苦しみを生み出した社会は自分に何もしてくれない。」そう感じているとしたら、あなたの洗脳は重症です。そしてこれはコロナに限定した話ではなく、日常生活で生まれる怒りも同じです。

私たちは生まれた時、すべての人は「既に完成した自分」として生まれてきます。成長とともに自分が創られていくように感じるのは錯覚です。時間とともに「既に完成した自分」と「今の自分」とが分離していくのです。そして洗脳とは、個人に大量の情報や知識を送り込み、意識を外に向けさせ、「既に完成した自分」と「今の自分」を切断することです。外部から取り入れた情報は、自分の意志によって選択して取り入れたように感じます。しかし取り入れた情報が、自分の意志であろうと、そう仕向けられたものであろうと、一度選択された情報は、選択した自分を正当化するために「正しいもの」として心の中に居座ります。その居座った情報が徐々に重なり心の中に壁を形成していきます。この壁を農哲では「心の硬板層」と呼んでいますが、これは「既得権」と同じです。そしてこの壁が「既に完成した自分」と「今の自分」を切断します。

「既に完成した自分」はいつも自分の内面に存在していますが、その存在を忘れた「今の自分」は意識が絶えず外に向かいます。そして怒りといった感情は、本当は自分の内面から生まれてくるものなのに、その理由を外に探します。

コロナ禍においては、失った関係を再び結び直すことが必要です。なぜなら「崩壊はいつも内部から起こる」からです。

本節の冒頭で、最優先で取り組まなければならないテーマが「あなたの意識を変えること」だと述べました。意識を変えるとは、意識の目線を外向きから内向きに変えることであり、自らの内面と向き合い整えることです。そのことによって、意識の外で何が起きようとも正気を保てる自分でいることができます。

平時に「心の硬板層」を取り除くことは厄介なのですが、コロナ禍においては自分の中で政権交代を起こすことができます。今まで気付けなかったことがどんどん表に出てきます。ピンチをチャンスに変えるのは「今」です。

前作『農から学ぶ「私」の見つけ方』では「既に完成した自分」のことを「私」と表現しました。「私」を見つけたあなたは、コロナ禍という苦しい局面で生き抜くことが楽になります。「私」は「今に生きる」ことしかできません。今自分の前に起きていることと向き合い、その中で自分にできることを見つけ、そのことに全力で取り組みます。それを続けるとワクワクとした感情が沸き上がってきます。今が苦しい人にとって「そんなバカな話はない」と思われるでしょう。信じてもらわなくても構いません。しかし一度チャレンジしてから、「バカな話」だと非難してください。自分で何も行動しないで、相手を非難することが洗脳なのです。

実際に行動しなければ何も変わりません。そして何を行うかは自分で決めなければなりません。自分の内なる声と向き合い、今自分がなすべきことを考え、それを実行することが、私たちの生きた証となります。生まれた場所に帰るとき、唯一持って帰ることの許された魂の財産です。

そしてその財産が多くなると、ワクワクとした感情が沸き上がってくるのです。それは「私」が主人公の人生を歩き始めた証拠です。そして主人公が増えてくるとこの世界もワクワクの世界へと変わっていきます。コロナ後の世界を変える「主人公」はあなたです。

発酵する人生

「私」を見つけた後の人生がどのような人生に変わるかも紹介しておきます。
「私」を見つけるとは、外に向かっていた目線が内に向かうことでした。それは、エネルギーを外から取り込む（腐敗モデル）という感覚から、エネルギーは自ら生み出し外に放出する（発酵モデル）という感覚へと変化することです。意識の変化（転換）がエネルギーの流れの転換を生み出します。

同じ仕事をしていても、「自分が生きていくために（しかたなく）している」から、「人の役に立ちたいという想いで仕事をする」ようになります。すると、自分の内面で新たなエネルギーが生み出され、仕事と一緒に外に放出されていきます。仕事の成果にエネルギーがのっかるのでその仕事は「生きた仕事」となります。自分という存在がエネルギーを生み出す拠点となり、新たなエネルギーの流れが生まれます。自分の内面からエネルギーが放出される生き方が発酵モデルです。

自分（私）が人の役に立ちたいという想いで日々の生活を続けていくと、私が放出するエネルギーは徐々に強くなっていきます。するとその想いはさらに広いエリアまで伝わるようになり、同じ想いを持つ人たちが共鳴によって引き寄せられてきます。その人たちは私が発したエネルギーをさらに有意義に活用してくれる人たちです。私が発したエネルギーをエサとして、新たなエネルギーを生み出してくれます。エネルギーが連鎖し、「大きな仕事」が姿を現します。発酵は複数の微生物のチームプレイによって行われます。個々の微生物は自分の仕事に専念しているだけですが、結果としてお酒や味噌などが生み出されます。

人間も自分に与えられた仕事を、感謝と人の役に立ちたいという強い想いでやりきることで、この世界を救うという大きな仕事の中に組み込まれていきます。

しかしそれは、大きな仕事の歯車となることではありません。あくまでも私から発したエネルギーが起点です。私が「主人公」となる人生をただ歩いているだけです。そしてすべての人が〝「私」が主人公〟の人生を歩み始めた時、この世界は自然に変わります。

「私」が主人公となると、そこから発するエネルギーは、「地球」が健康を保つための栄養素となります。私たち一人ひとりが地球にとっての腸内微生物の役割を担うことになります。コロナ前の自分は、他人が生み出した栄養素を消費する側にいたとしたら、コロナ後は栄養素を生み出す側に変わりましょう。

このようにして心の健康を取り戻すと、与えることに幸せを感じるようになります。コロナ禍においてどんな困難に襲われようとも、それを乗り越える力が自分の内から湧いてきます。

人類はこれまで長きにわたり地球にダメージを与え続けてきました。その結果、地球は本来のあるべき姿とは大きく異なる姿となっています。

これは人生において、私たちが既に完成した自分（あるがままの私・「私」）の姿を見失っていくのと重なります。そして人生では、「既に完成した自分」と「今の自分」のゆがみ（バランスの崩れ）を正すために、様々な試練が目の前に現れます。そしてその試練を乗り越えていくことでしか、「私」を取り戻すことができません。

人類によって地球に生じたゆがみ（バランスの崩れ）も、それを正すときがやってきました。それがコロナによって引き金が引かれた「今」です。

これから人類の試練がやってきます。これはコロナによる直接的ダメージだけではなく、食糧危機、社会不安、異常気象、自然災害、他の疫病の発生などの様々な試練が複合的に発生し、バランスを取り戻すまで人類の前に現れます。そしてそれは、10年といった長きにわたり続きます。

今日の医療水準を考えれば、コロナの危機を乗り越えることは可能だと思いますが、他の試練と合わさった時、人類は「正気」を保って乗り越えることができるでしょうか。正気を保つためには、答え（出口）があることを知ることです。その為にも日本人には、世界に先駆けて答えを示していく責任があります。

私たち日本人一人ひとりが、どのような試練に襲われても「正気」を保ち、「私」を見つけ、「私」が主人公の人生を歩むことです。雨は必ず止みます。ピンチをチャンスに変えてコロナ後に素晴らしい世界が生み出されるよう、共に「今」を生き切りましょう。

ショートストーリー　水の旅人

私は「水」です。普段は「海」で暮らしています。

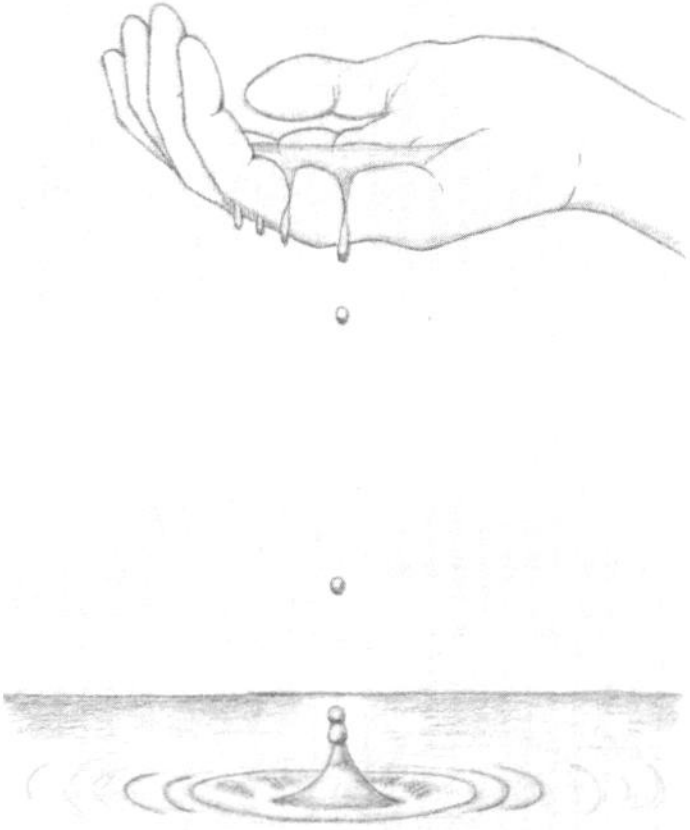

「水の旅人」　菊地佳絵　作

しかしそこでは私は水であることを忘れており、私は海だと思っていました。

ある日私は、太陽から愛という名のエネルギーを受け取り、「これからお前は旅に出なさい」と言われました。その時私は「海」から分離して一人の「水」となりました。そしてその時、私は海にいた時の記憶をすべて消されて、自分が水であることを思い出しました。

気が付くと私の周りには同じように旅に出た水がたくさんいました。私たちは上空で雲となりました。さて私たちはこれからどこを旅しようか、行き先を決めなければなりません。その時の一番人気は「日本」という場所でした。そこは様々な経験ができる素晴らしい場所らしいのです。私は迷わず日本を選びました。

やがて私たちは雨粒となり、それぞれが旅立ちました。私は運よく自然豊かな山間部に降りていきましたが、随所に人間の開発の手が入り、草や虫たちの悲しみの声が聞こえてきました。私は土の中の声を聴きながら、やがて仲間の待つ川へと出ました。他の仲間たちと合流し、大きな水となった時、不思議なことが起こりました。他の仲間たちが記憶してきたことが、私の中に入ってきました。「あなたはこんなところを旅してきたの！」「へえ、君は滝を経験してきたのかい。」あちこちでこんな会話が交わされました。やがて私たちは平地へと進み、そこで人間の街を旅してきた仲間と出会いました。その中には人間の身体の中を冒険した仲間もいました。しかしその仲間が聞いた人間の身体の悲しみの声も、私が聞いた草や虫たちの悲しみの声も、どちらも同じ声でした。

どうしてみんな悲しんでいるのだろう。草や虫たちは人間のせいで悲しんでいるといっていたのに、その人間も同じように悲しんでいるのはなぜだろう。私にはその答えはわかりませんでした。

やがて私たちは、旅立った場所である「海」に帰ってきました。そして様々な場所を旅してきたたくさんの仲間と出会いました。私たちが持ち帰った記憶は少しずつ合わさり、やがて、いま世界中で起きていることが一つの記憶となりました。私の旅は、私だけのものではなく、すべての仲間のための旅であったことがわかりました。そして私は「水」であったことを忘れ「海」と一体となりました。

一つとなった世界中の記憶は、さらに深く深く運ばれてゆき、そこで過去の記憶と一体となります。そこには地球誕生から今までのすべての記憶が収められています。人間はそこを「アカシックレコード」と呼んでいますが、本当の名前を教えてあげましょう。

「深海への下降」　菊地佳絵　作

その場所の名は「しんかい(深海)」

僕は「人」だ。普段は「魂の海」で暮らしている。

ある日僕は、神様から愛という名のエネルギーと身体を受け取り、「これからお前は旅に出なさい」といわれた。その時僕は大きな魂から分離して一人の「人」となった。その時僕は魂の海で暮らしていた時の記憶をすべて消されたんだ。

僕たちの旅は「人生」という名の旅らしい。そして生きている間は何をしてもいいよって言われた。そしてそこで体験したことは、「お土産」としてここに持ち帰ることができる。君たちの心の中にそのお土産袋を入れておくからね。でも、お金も名誉も体験以外のものは何も持ち帰ることはできないよ。そう神様は教えてくれた。でもね、教えておいてその記憶すら一緒に消してしまうんだよ。ひどくない？

いよいよ旅に出る時が来た。旅立つ前にどこに旅するか決めなければならない。その時の一番人気は「日本」という場所だった。そこは人間の先頭を切り開いていかなければならない場所らしく、大変だけど面白そうだったから僕は迷わず「日本」に決めた。

旅の初めのころはとても楽しかった。経験することのなにもかもが初めてで、まあ記憶を消されているから当たり前なんだけど、いつも心はワクワクしていた。でもね、人生はそんなに甘くないんだよ。どんどんつらいことや悲しいことが増えていって、とうとう、辛くて辛くて辛くて辛い状況に追い込まれて、もうこんな旅はやめてしまおうと思ったんだ。その時、「バカモノ！」といって思いっきり頭をぶん殴られた。めちゃめちゃ痛かった。その時、神様の「お土産袋を入れておく」という言葉を思い出したんだ。本当かなと思って、自分の心の中を覗いてみた。そこにはちゃんとお土産袋が入っていて、ピカピカ光った辛い体験がその中に入っていた。そしてあんなに辛い経験でもお土産としてこんなに美しく輝いているのなら、もうちょっとこの旅を続けてみようと思った。

それからの僕は、時々心の中を覗き込むようになった。いろんな本を読んだり頭の中でいろいろ考えても、お土産としては何も増えていかないことが分かった。自分で行動し体験したことしかお土産にはならないんだ。それから、お土産の中にはピカピカ光っているものも、なんかくすんでいるものもいろいろあった。その違いがどうしてできるかもわかったよ。やっぱりピカピカがいいだろ。それはね・・ダメダメ、それは教えない。自分で見つけないと君の旅が楽しくなくなるものね。でも見つけるのは簡単だよ。自分の心の中を覗いてごらん。

神様の声を思い出してからの僕の人生は、どんどん楽しくなってきた。旅の最初のころのように毎日がワクワクするようになった。そしてちっぽけな野心を持つようにもなった。このお土産袋をピカピカでいっぱいにして、神様に褒めてもらおうってね。

そして僕の旅は最後を迎え身体を神様に返す日が来た。人間はそれを「死」と呼んでいるけど、本当は「魂の海」に「帰る」ことなんだよ。

僕はワクワクしながら神様のところに帰ったんだ。だって僕のお土産袋はパンパンに膨れていたんだもの。そうしたら神様は「最後までしっかり歩いて帰ってきてくれてありがとう！」と言ってくれた。でもそれだけだった。がっかりだよ。周りの「人」たちにもみんな同じ言葉をかけているんだよ。僕のお土産が一番多いのに、そのことには何も言ってくれないんだよ。実は神様にはお土産の多さなんか関係なかったんだよ。最後までちゃんと歩き続けたかどうかだけが重要だったみたい。だから途中で歩くのやめようと思った時、思いっきりぶん殴られたんだね。

でもね、周りの人たちを見てみるとなんか変なんだ。神様からありがとうって言ってもらっているのに、そんな言葉は全く聞こえていないみたいで、悲しんだり怒ったりふさぎ込んだりしている。みんな神様の生まれる前の言葉を忘れてしまっていて、自分のお土産袋を手にして今思い出したみたいなんだ。「どうして神様の大切な言葉を忘れていたんだろう」「あの時もっと頑張っておけばよかった」「もう一度旅に出させてくれ」やっと帰ったばかりなのによく言うよ。でも、あの時僕は神様の言葉を思い出して本当に良かった。でなければ今、周りの人たちと一緒に嘆き悲しんでいたかもしれない。そうか、あのお土産は神様へのお土産ではなくて僕自身へのご褒美だったんだ！　だから僕は、この旅が終わる時、喜び勇んでここに帰ってくることができた。

そういえば旅の途中で見た夢のことを思い出した。水の旅人と名乗る人が出てきて、

「他の人たちはみな身体が悲しみの声を上げているのに、あなたの身体はとても喜んでいるわ。私はあなたの身体を旅できて楽しかったわ。」

そうか、ここで悲しんでいる人たちは、旅の途中、ずっと自分の身体に話しかけられていたのに、そのことに耳を貸さなかったから悲しんでいるんだ。聞こうと思えばいつでも聞こえたはずなのに。

「神界への上昇」　菊地佳絵　作

まあ、僕はぶん殴られたから思い出しただけで偉そうなことは言えないんだけどね。

やがて僕の体験（お土産袋）は周りの人たちの体験と合わさり一つの体験となっていった。そして僕は僕であることを忘れていった。

一つとなった人類の体験は、さらに高く高く運ばれてゆき、

過去の体験と一体となる。人類の体験がすべてそこに存在している。人間はそこを「天国（魂の海）」と呼んでいるが、本当の名前を教えてあげる。

その場所の名は「しんかい（神界）」

第3章　農哲VS蟲哲　対談

森　：「水の旅人」素敵なお話でしたね～（笑）。
このお話は4章の鴻上さんの「こたえ　蟲の哲学」の原稿を読んでいて生まれたお話なのですが、2章までの内容は農哲シリーズ完結編として、鴻上さんのメッセージを受け取りながらも、文責は森で書いてきました。そしてここからは鴻上さんに登場いただき、鴻上ワールド中心にお届けしたいと思います。

対談風景　（正面が鴻上）

今日は2020年6月28日で鴻上さんの畑に来ています。そして虫の声に囲まれながら「対談」を始めたいと思います。それでは最初に自己紹介していただけますか。

鴻上：私は大阪の鶴見区で生まれましたが、両親は愛媛県出身です。家はおもちゃ屋で二人とも商売人でしたから、３６５日休みがなく、一緒に暮らしてはいても家族の時間はあまりありませんでした。私は子供のころから生き物が好きで、周りはまだまだ田んぼや原っぱが残っていたので、日の出とともに飛び出して虫とともに遊び、日が暮れると帰ってくる毎日で、いろいろ調べては自分で確かめるといったことをしていました。図書館の虫の本はすべて読んだと思うのですが、そんな中でも大好きな本が『ファーブル昆虫記』でした。あの本だけが「人間目線」ではなく「虫目線」で書かれていることにひかれたのだと思います。

中学と高校は逆に人間社会のことを学ぶ6年間でした。ニュースやテレビ、大人の会話に触れながら、どうして困ったことを解決しようとしないのか不思議に感じていました。

高校を卒業して就職しますが、そのころすでに60歳までの人生設計ができていたので、30歳に会社を辞めるので、それまでの12年間をお世話になりたいというお願いを受け入れていただき入社しました。営業職に就きましたが、人とのコミュニケーションが好きだったので、2年目以降は人と人をつなぐという仕事でほぼ仕事が回っていきました。日曜日のみ休みでしたが、各業界の有名な人やトップの人に直接会いに行くといったネットワークを育ててゆき、出会った人たちの問題解決に貢献するといった活動を続けてきました。その時の人脈が今の自分を育ててくれて自分の底力となっていると感じます。

約束の30歳になったのですが、簡単には会社をやめさせてもらえず、会社のノルマを達成したらあとは自由という契約に変更してもらい、さらに5年間勤めます。10日ほどでノルマは達成したので、あとの時間はＮＰＯ法人にかかわったり、農業の現場に足を運んだり、昆虫のことを教えるセミナーを企画するといった多様な活動に取り組んできました。

そして40歳からは、自分のやりたいことを一つのパッケージとした「理想の村」という名のショールームをこれからの20年間で創るのだと皆に宣言し、行政・ＮＰＯ・企業といった異なる業界が抱える課題を、一つのプロジェクトとして解決していくモデルづくりに取り組んでおり、今それが形になってきたところです。

森：「人間目線」と「虫目線」という目線の違いを小学生から感じていたのはすごいことです。いえ、鴻上さんにとっては「虫目線」が標準で、子供のころの虫との遊びによってそれがしっかり根付いていった。その後「人間目線」を学ばれたのがいいですね。人間はすべての人が生まれた時には「自分目線」を持っているはずなのに「人間目線」を学ぶ過程で忘れていってしまいます。私の場合はごく普通の子供でしたが、それでも皆がそうしているからお前もそうしろという感覚が全く理解できず、人とは違う道を歩くのだと心に決めていました。でも外見はとても素直でいい子でした（笑）。そのまま素直に人生を歩いていけば楽だったかもしれませんが、そうはいかない。


鴻上：そうはいかない（笑）。私は22歳からの2年間で大きな転換点を体験しています。22歳で経済的には小さな成功を達成するのですが、この成功（収入）が10倍になったら、より楽しい人生になるのかを想像したとき、それは全く面白くない人生だと感じました。しかし、自分の感覚で出した答えが世間のすごい人たちが出している答えの中に着地しません。そのズレに苦しみながらも考えるばかりで何も行動できませんでした。あの頃の私は頭でっかちなのにその中身は空っぽでした。

それが24歳になって長女が生まれたころですが、何がきっかけだったのかわからないのですが、自分がやらないと自分は変えられないという答えが出た瞬間、それまでの苦しみが消えすべてを受け入れられるようになりました。

人間界と自然界は違うものであり、両者は違ってても仕方がない。いずれ共存できる状態になるから、それまで自分のなすべきことをするしかない、と自分に集中できるようになりました。

森：私も35歳ころまでは素直に生きていたのですが、すごく大きな試練に襲われて、それが10年ほど続くのですが、力ずくで目線を変えさせられました。極端な言い方をするならば、この世界で起きているすべての問題の原因はすべて自分の中にあるという感覚です。ですからそれを解決する答えもすべて自分の中にあります。それからは意識をいつも内に向けるという感覚で生きてきました。過去の作品も、内からメッセージを引き出す感じで書きました。目線を変えると生き方も大きく変わってきます。一言でいうなら、「今すぐ行動に移せ」という生き方になります。

「外向き目線」と「内向き目線」、「人間目線」と「虫目線」。意味合いは少し違いますが本質的には共通のものを感じます。この本を読んでくれている皆さんには「目線を変える」という感覚を少しでも味わってほしいです。

さて、鴻上さんと私の出会いは序章で簡単に触れましたが、今お話ししていただいたような予備知識は何もなく、真っ白な状態で鴻上さんのお話を聞きました。その時の第一印象が「同じ景色を見ている人」でした。その後、鴻上さんが虫博士であることを知り、虫を通して真理を見出した人だと納得します。私やこうちゃん（森光司氏―『農から学ぶ哲学』共著者）は植物を通じて真理を見出してきました。微生物という点ではお互い共通しているのですが、やはり動物と植物では少し世界が違います。動物は動けるし集団活動もします。『農から学ぶ哲学』では書き残したこともあるし、それに「虫から学ぶ哲学」も加え、「自然から学ぶ哲学」として哲学を完結させたいと考え、鴻上さんに共著での出版を持ちかけました。結局コロナの問題が起こり、急遽その内容を本書の構成に変更しました。
コロナが本書では大きな役割を担っていますので、鴻上目線ではコロナがどのように見えているのかを教えてください。

鴻上：4章でのミクロとマクロの話では、ひとりというミクロの存在と、70億というマクロの存在は、両者は同じであると述べていて、ひとりが変われば70億が変わると証明しているのに、今までの社会ではそれはできないという理由ばかりを探してきました。しかし今回のコロナ禍でそれは正しいかもしれないという可能性を見せてくれました。実際に環境問題が改善されるといった結果も現れてきています。

そしていま大きな分岐点に立っています。今まで、こんな経済活動はダメだと言っていた人たちも、現実に経済が止まって苦しんでいます。苦しくてもこちらが正しいと前に進むことができるのか、もとの経済の流れに戻さなければならないと思うのかです。「ひとりが変われば70億が変わる」を証明できるのは「今」です。

森：もとの経済に戻そうといっても、現実問題として戻すことは不可能と感じます。

鴻上：もとに戻るの「もと」とは何かということですよね。今日時点（2020年6月）では、多くの日本人はまだもとに戻ると思っています。しかし緊急事態が解除されても、経済活動はもとには戻っていません。モノの消費で考えると、日本人はほとんどのモノを既に持っています。コロナ前はそこに外国人が流入して大量の消費をして、日本の経済を動かしてきました。しかしその人たちがいなくなった「今」が日本の本当の実力です。「今」が本来の日本の姿（実力）に戻ったのであって、コロナ前がお祭り騒ぎであったと言えます。もとに戻ったのが「今」ですね。

森　：分岐点とは、そのことに気づきそれを受け入れる人がどのタイミングで「主流」となるかということですね。そしてその気づきは日本人が先頭を切る責任があるし、日本人が失敗したら、世界は終わってしまいます。２０２０年の残された時間で日本人の意識の転換を少しでも進めたいところですが、本書の出版は２０２１年です。では２０２１年以降この世界がどう変わるかを教えてください。

鴻上：既に、非接触型の隔離された社会が姿を現そうとしています。これは人間のあるべき世界ではないので、今は違和感があります。しかし1年後（２０２１年の夏）にはその感覚に慣らされていきます。そこからＩＴへのシフトは一気に進むでしょう。その後の5～10年で大きく異なる二つの世界が現れると感じます。一つは都会の姿で、自分以外のことはすべてＩＴで実現するような、脳だけで生きていく世界です。そしてもう一つはその世界に違和感を持ち、里山などで自然と共生しながら生きていく世界です。多分この両方は必要で、両者の生活をうまく使い分けることができる人が恵まれた人になっていくでしょう。

森：私は、現時点ですでに都会の暮らしに全く魅力を感じていないので、都会の未来の姿は想像できないのですが、機能としての都会が果たす役割は残るので、都会は生き延びる道を探すでしょう。しかしながら、主役が都会から地方に移るのは間違いないと思います。地方の町は今ではどこも金太郎あめにしか見えませんが、本来の地方はとても個性があります。お互いの個性を発揮しあうことで地方同士が競争し、都会は誰かがやらなければならない仕事をロボットの力を借りて淡々とこなす、そんな未来であってほしいと願います。

さて話を現在に戻しますが、近々に食糧危機に襲われるというのが、私たち共通の認識ですが、食糧危機にどのように向き合うかという点についてお話しください。

鴻上：食糧を担うのは農業ですが、農業といえば一般には3Kのイメージがあります。すなわち、苦しい・汚い・儲からないというすべて否定につながるイメージですが、そこを変えていかないといけないし、そもそも農業は本来そういうものではなかったはずです。

農業は本来「業」ではなく、年間を通して食を安定的に確保していくものであり、生きることそのものでした。しかし、収入を安定的に確保するために今の農業になってきたのですが、近い将来お金では食を確保できないかもしれない時代を迎えます。今こそ原点に立ち戻り、否定的イメージを肯定的イメージへと転換し、誰もが楽しく農と向き合える答えを示していくべきです。本来の農は、自然とかかわり自分も成長できる一つの生き方です。そして人生の一部（数年間）だけでもそこにかかわった経験を持っているかどうかが、その人の人生を大きく変えるそんな可能性を持つものです。今私がここで実践している農は、毎日植物（作物）を観察し、育ちにくいと感じたら、ちょっとした工夫をしてあげる。すると翌日には植物はその答えを返してくれる。このようなやり取りが生きることそのものであり、その中に身を置くと気持ちがいいし、子育ても教育もできる。さらに安全なもの・確かなものを美味しく食べられるし、みんなに喜んでももらえる。そして何より自分が楽しい。そんな価値観が180度ひっくり返るような農業をまずは広げていきたいと思っています。

森：私は今、その農の現場を見学させてもらってきたところなので、お話はとてもよくわかるのですが、読者は少し混乱されていると思うので、私から鴻上さんの農法を紹介させていただきます。

私の目の前に広がっている農園は3か月前までは害虫等で何の作物も作れなくなり耕作放棄されたビニールハウスです。そこをたった3か月で40種類以上の野菜たちがとても健康にすくすく育っており、その収穫もすでに始まっている状況にしました。その間、一切の農薬を使わずに再生してしまった。どんな魔法を使ったのでしょう。一つにはカマキリやカエルといった肉食系の生き物を園内に放つことによって小さな生態系を創り出し、害虫を駆除しました。そして作物を育てるために微生物の力も活用していますが、農法の概要は、この対談の最後に「対談付録」として紹介していますのでそちらを参照してください。

私はみかん農家であり野菜作りは素人なので、この農園のすごさにはまだ気づいていていない点があると思いますが、素人が見ても15センチといった土の厚さしか持たず、その土も砂地であるのに、40種類以上の植物がスクスクと元気に育っている状況はちょっと信じがたい光景です。

鴻上：プロの野菜農家も大勢見学に来てくれていますが、皆が声を失っています（笑）。多分このような農園を実現したのはここが最初でしょう。でも決して難しいことをしているのではありません。植物のやりたいことを聞いてそのお手伝いをしているだけで、むしろ農業は簡単になります。ここでは40種類以上の植物が共存しており、生き物もたくさんいます。小さな地球があります。それを観察するのはとても楽しいし、作物もちゃんとできてきます。作る人もそして消費者も、すべての人に農業に興味を持ってもらい、楽しいと感じてもらえるようなショールームにしていきたいと思って取り組んでいます。

森：慣行農法は、このような気象条件の時はこうしなさい、こんな害虫が発生したらこうしなさいといった、マニュアル農法です。しかし異常気象等でこれまでに前例のない状況がどんどん発生し、現場はパニックです。農法を変えていかなければならないという問題意識はありますが、変えるより先に変わらないと農業を続けられないという現状がやってきました。そのためには農家の意識も変えていかなければなりません。
食糧危機を乗り越えるためには、日本での農作物の生産力を飛躍的に高めていく必要があり、そのためには多くの人に農業にかかわってもらわないといけない。この農園で確立された農法が一つの答えだと感じます。ちなみにこの農法に名前はついていますか？

鴻上：○○農法と語ってしまうと、余計なイメージが付いてしまうので、「さとごころ」と名付けました。

森　：「さとごころ」ですか。漢字で書くと里心ですね。きっと里に答えがあるのですね（笑）

次に昆虫の話もお聞きしたいと思っていました。農業は楽しいものだと意識を変えていくことができたとしても、どうしても収入に対する不安は残ります。コロナ後は作物としての収穫まで無事進むことができれば、安定した収入も保証されてくるように思いますが、農家の収入を支える副業として昆虫を育てるのがいいというお話を以前お聞きしました。それは食糧危機において昆虫食を多くしていくということともつながると思うのですが。

鴻上：農業と昆虫との相性は抜群に良いです。まず食という視点で昆虫を見た時、カロリーを手早く生み出すには昆虫が一番早いのです。カロリーベースで計算した時、牛一頭を育てるのに必要な牧草を昆虫に与えれば、牛の何十倍ものカロリーを生み出します。栄養素で見るなら、たんぱく質が主でそれにリンやカリも含みますが、骨格にはキチン質が含まれ、日本人の消化にもよい。なので昔からイナゴを食用としていました。また、カブトムシやハチなどの幼虫は真っ白ですが、あの白はたんぱく質の塊です。日本も外国も一昔前までは昆虫をたんぱく源として普通に食べていました。

またコロナ禍によって牛や鶏の畜産がとても難しくなるという状況もあります。それは飼料が入手できなくなるからですが、それは牛糞や鶏糞といった肥料が入手できなくなるということでもあります。私たちは肥料も虫の力を借りて自前で作っています。

刈った草やシイタケが出なくなったほだ木、枯れた木や野菜のクズなど、普通に農業をしていれば出てくるさまざまな有機物に、微生物や米ぬか等を加え、さらにコガネムシなどがわくようにして発酵と分解のスピードを速めます。肥料を作る過程では、何百もの種類の虫がエサを食べて・フンをして・死んできます。このようにして作られた有機肥料は、昆虫や微生物のフンと死骸が主となります。そしてその肥料は畑に投入され野菜を育みます。昆虫の力を取り込むことで、一つの農園で循環が完結される仕組みが作れます。

森：園内で生み出される不要な有機物をうまく活用しながら、収穫物としての作物以外にも、商品となりえる昆虫と肥料が生み出されるのですね。それが農家の副業にもなるということですか。確かに相性は抜群です。でも農家以外にも昆虫ビジネスに参入できる可能性はあるように感じます。昆虫のエサとして食品残渣や剪定枝、公園の草など、活用できる有機物はたくさんありそうです。農家以外で取り組める可能性はありますか。

鴻上：昆虫を生産するのなら、その場所の問題が出てきます。しかしこれからは都会では施設がどんどん空いてきます。例えば、廃校となった学校を使って、たんぱく質の製造工場に転換していけます。空きスペースを使って植物工場を作るという発想もあるかもしれませんが、実は昆虫は日光をあまり必要としません。その点がとても有利です。また、借り手のつかないマンションだって使えます。人に貸して10万円の家賃をいただくか、昆虫を育てて10万円の売上につなげるかの違いだけです。そしてマンションの管理人が昆虫の世話人になればいい。

森：あはは、虫に家賃を払ってもらえるのはいいですね！　日本人はとても器用ですから、やり方さえうまく広がれば食糧危機に襲われてもきっとそれを乗り越えられます。

さて虫といえば今年（２０２０年）はサバクトビバッタの脅威にも人類はさらされています。

鴻上：サバクトビバッタはアフリカで発生し、集団化して草や作物を食べつくしながら東に向かって移動しています。今はインドあたりでしょうか。このバッタは普段はトノサマバッタと同じでとても穏やかな虫です。しかし、密集した状態に置くとさらに脱皮して、羽も大きくなり遠距離への飛行能力を持ちます。

【生態系ピラミッド】

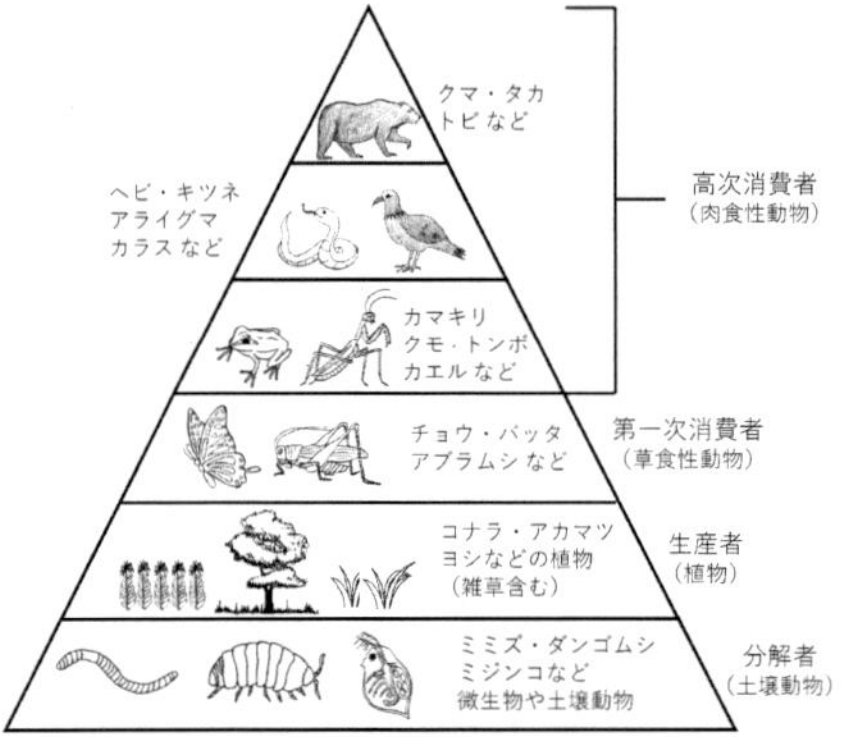

生態系ピラミッドは何らかの理由で一部の層が大きくなると、そのすぐ上の層も大きくなり、下の層を食べて元に戻します。バランスが崩れると、絶えず元に戻そうという地球の意志が働きます。サバクトビバッタは草を食べつくしますが、そのことによってその草に依存する大型動物の個体数を減らし、草を復元させて

いきます。砂漠には草は生えませんが、そこに有機物が投入され雨が降ると草が復活します。サバクトビバッタの移動は有機物を移動させるという意味もあります。死骸を砂漠に残すことでそこに緑を復活させます。

森：バランスが崩れると、絶えず元に戻そうという復元力は、地球という生命体の意志によって生じているのですね。ついでに人間の個体数も減らしておきなさいということでしょうか。コロナと同じ時期に発生したことは偶然ではないように感じます。そして異常気象や台風・地震といった自然災害も、すべては崩れたバランスをもとに戻そうという地球の意志です。そしてバランスを崩したのは人間です。大きなツケをこれから払っていかなければなりません。

食糧危機に話を戻しますが、人間は一昔前までは虫と同様に草もいただいていました。私のみかん畑は無農薬栽培なので、そこに生えてくる野草は安全です。もちろん野草には毒草も含まれるので、食べてはいけない草を知識としてしっかりと学ばなければなりません。しかしそれを学べばそこは巨大な食糧庫となります。我が家では妻（明子）が野草の勉強をしてくれていて、そのおかげで毎日食卓に草がのります（笑）。野草や昆虫が普通に食卓にのる時代が来たら、そこでは食糧危機という言葉すら忘れ去られているように思います。その風景は決して昔に時計の針を戻すのではなく、より豊かな生活へと進化した姿と感じます。

今回のコロナ禍でいろいろな痛みが生まれていますが、私たち人類を大きく成長させてくれるきっかけになったと言えるようにしたいです。

あれ、なんかこの対談をまとめようとしていますね（笑）。でももう一つ聞いておきたいテーマがありました。最後のテーマは教育です。

鴻上さんは生駒で里山を再生し、そこに子供たちを受け入れ、自然を体験させる中で子供たちの心も再生させていくという取り組みをされています。また今日見せていただいた農園でも子供たちを受け入れていくという話も聞きました。教育についてどのようにお考えですか。

鴻上：私の教育は教えない教育です。

私は高校卒ですし、専門的な教育も受けていません。しかし今、いろいろな人々が相談をしてくださるし、企業からコンサルのお願いをされたり、といったありがたい状況にあります。

それは私には自然界の流れの中に一つの方程式が見えているからです。そのことを経済社会に置き換えて物事を教えているだけです。その方程式から社会を見るとそこに「ゆがみ」が見えてきます。その「ゆがみ」はうまくいっていないところであり、方程式に当てはまらないところです。人生でも迷ったり失敗したときはゆがんでいるときで、ゆがみがわかって原因がわかれば後は解決する手段が見えてきます。子供たちにはその能力を身に付けてほしいのです。大人には事例で伝えることはできますが、子供は経験がないので事例を言っても理解できません。ですから私自身が学んできた方法で取り組んでいます。自然を見て、自然のスムーズな流れをずっと繰り返し見続けて、自然の流れを方程式として自分の中に落とし込む、それが私の教育、いえ共育です。そしてこの共は「自然と共に」の共です。

森：鴻上さんに初めて会ったとき、「同じ景色を見ている人」という印象を受けたのはまさしくこの部分ですね。私も毎日畑と向き合っていると、畑（自然）の向こうにゆるぎない法則が打ち立てられているのが見えてきました。そしてその法則は自然界だけではなく、ミクロからマクロそして人間社会に至るまで貫かれていました。それを活用するといろんな問題が解けていきます。そして何より楽しい！　このワクワクする感覚を一人でも多くの人に味わってもらいたいと一冊目の『農から学ぶ哲学』を出版しました。しかし私がそれを体験したのは50歳でした。もっと早ければとんでもない偉人になっていたかもしれませんが（笑）、しかし気付くのに早いも遅いもありません。この本とご縁のあった皆さんが、今是非この感覚を味わってほしいと願います。


鴻上：今、日本人や世界中の人を見て思うのは「自分がない」ということです。全部他人から聞いたことを他人に言って、何か起きても他人のせいにして、あいつが悪い、こいつが悪いと言っている。それはわかったからあなたは何を考えどうするのかと聞いたとき、皆思考が止まってしまいます。

そのような人間を大量生産しているのは、やはり教育の現場に問題があるのだと感じます。これからの教育は自分中心にするべきです。そのためには自然を体験させるのが一番なので、自然体験学校などをしています。子供たちが学べる環境は私が作って用意します。しかし教えるのは自然です。自分で見つけて自分で考え自分で遊んで自分で痛い目にも遭って学んでくださいというのが共育です。

いろんなゆがんだ意見（知識）を押し付けるのではなく、まずは基礎をしっかりと自然から学び、その土台ができた時に、専門的な知識も含めて人間社会のことをその上にのせていけばいいのです。先に知識を詰め込んでも、答えは自然の方程式がないと出てこないので混乱するだけです。

森：大人になってからこれをするのには勇気がいりますね。今まで自分が構築してきた土台を否定することになるので、自分自身を否定するような感覚になります。しかしそれは取り込んだ知識とそれによって生じた「ゆがみ」を否定しているだけであって、人格が否定されているわけではありません。勇気をもって土台を入れ替え、その上に知識を積みなおしていく、そして不要な知識は手放していく、そのことでとても人生がすっきりとして悩みも消えていきます。

鴻上：土台を入れ替えるのが、「目線を変える」ということです！

森：今の一言でこの対談は終わりましたね？（笑）
読者の皆さんには、この対談に続いて4章の「こたえ　蟲の哲学」を読んでいただきます。この「こたえ　蟲の哲学」は鴻上さんの書下ろしですが、私やこうちゃんが農哲という言葉で伝えてきた内容と重なります。農哲シリーズを本書で完結させるにおいて、その最後にとても素敵なメッセージをいただいたと感謝しています。

それでは鴻上さんからも読者の皆さんにメッセージがあればお話しください。

鴻上：「こたえ　蟲の哲学」は対談でお話ししてきた方程式です。この方程式を活用すれば自分の中にある「ゆがみ」をみつけて、そのゆがみを正す方法も見えてきます。しかし皆さんが立っている場所はそれぞれ異なります。そしてこれまで重ねてきた体験も異なります。同じ悩みを持っていても、その解決（答え）に行きつく道筋は人によって異なるし、必要な方程式も異なります。

そしてこの「こたえ　蟲の哲学」もどこまで納得できるかも人それぞれです。自分が経験したことと重なればそうだよな〜と納得できるし、そうでなければわかりません。でもそれでいいんです。一か所でもそうだよな〜という感覚を持ってもらえるなら、それを信じて、今までの「人間目線」をまずは外してください。自分という枠を取っ払ってそれが「虫目線」かどうかわからなくても、違う目線で自分を見てください。

そのような感覚を持ちながら、今までの生活や仕事をつづけ、またしばらくしてから「こたえ　蟲の哲学」を読んでもらえれば、腑に落ちる場所がきっと増えているはずです。そうすると今悩んでいることやわからないことも見えてきます。急がず、慌てず、でも今できることには必ず行動に移してほしい。それが自然をしっかり見ることであり、目線を変えることです。

森：長時間ありがとうございました。

対談付録　循環型生態系農園「さとごころ」の概要

対談の中で出てきた「さとごころ」について、後日改めてお聞きしてきたのでその内容をご紹介します。

森：ハウス栽培を始めたころの状況について教えてください。

鴻上：ハウス栽培は無農薬で作れるというイメージがあるかもしれませんが、虫は必ず侵入します。一度侵入すると、一つのつがいで一度に100~500倍に増殖し、ハウスの中は暖かいので年に2~3回産卵します。そうすると農薬を使用しないと駆除できません。
3月からお借りしたハウスは、その3か月前までチンゲンサイ・コマツナ・ワサビナを栽培していましたが、コナガというガが繁殖してしまい、農薬でも駆除できなくなりました。お借りした時は既に何も作られていませんでしたが、一歩動くだけで口に入るのではないかというぐらいワッと飛び回っていました。何を育てても全部食べられてしまう状況で、コナガをどのように駆除するかが最初の課題でした。
その答えは農作物にとって害虫と呼ばれる草食系の昆虫を、生態系ピラミッドの上層部である肉食系の生き物を利用し駆除します。代表的な生き物として、カマキリ、カエル、クモ、トンボ、テントウムシなどです。ハウス内の生態系バランスを肉食系の生物優位にコントロールし、農作物の食害を防ぎます。今回はまずカマキリの卵を12個（1個で約200匹）、アマガエルを200匹ハウスの中に入れました。それによって2か月後にはコナガはすべて消えました。

森：今回はコナガが大発生したので、カマキリとカエルに大活躍してもらいましたが、アブラムシであればテントウムシというように、その対象となる虫に応じて肉食系の虫の種類も変えていくのですね。では次にこのハウスの設備について教えてください。

鴻上：この設備は、建築足場の会社が、足場の廃材をうまく活用して組み立てたものです。奥行きが25m

設　備

幅３ｍの高床式の台を作り、そこに防音シートを引いて、厚さ15センチの川砂を入れています。そして砂の中には４本のホースが引かれており、１日に20回ほど液肥が出る仕組みとなっています。水耕栽培とほぼ同じような考えで作られた設備です。しかし、川砂自身は何も栄養素も持たず、それを液肥で補うという方法なので、育てられる野菜は非常に限られると思われています。でもそれは本当だろうかと私たちの実験が始まりました。最初から40種類もの野菜を植え付け、５月頃まではコナガの影響を受け育ちませんでしたが、コナガが姿を消したころから順調に生育し、ほとんどの野菜が無事収穫までいきました。そしてその間に液肥をやめて酵素水に変え、自家製の肥料も少量入れるように改良しました。

森：農業に携わる人間にとって、砂地でこれだけ多様

収穫された野菜

栽培風景

な作物が育っている景色は衝撃的です。土ではなく川砂であることのメリットはあるのですか。

鴻上：農業を始めようとした時、それが慣行農であろうと自然農であろうと、大きな課題の一つが土づくりです。ちゃんとした土にしようと思うと3～5年はかかり、素人には手が出せない世界です。しかし川砂は根っこを受け止める器であり、その作物が必要な栄養素は随時肥料等で補っていけばいいのです。もちろんそのマニュアルはプロが整備していく必要がありますが、それができれば素人であっても明日からすぐに始めることができる農法です。

森：2章で、コロナ後の日本では食糧生産を飛躍的に高めることが喫緊の課題になるけれども、そのためには素人の力をどのように活用していけるかが課題と述べましたが、農法そのものを素人でも簡単に参入できるように構築するというのは画期的です。そして若者にとってもとても魅力的な仕事に映るのではないでしょうか。

鴻上：このようにして作られた作物は実は自然農法で作られた作物とほぼ同じなので

す。自然栽培をどのように定義するかは明確なものはありませんが、身体の健康に良く、人間が食べて一切害がないもの、自然のミネラルと太陽、水によって育まれているものを自然栽培と呼ぶなら、まさしくそうです。身体の健康に貢献し、最先端の農に接しているということに、喜びを感じてもらえるならうれしいです。

森：ところで、自家製の肥料を入れるというところが、ずっと気になっているのですが・・。

鴻上：肥料の話の前に、高床の下部空間の有効利用の話をします。その場所はシイタケ栽培や、コオロギ・カブトムシ・クワガタなどの養殖に活用します。養殖の話は「対談」の中でもしていますが、メリットは上で栽培している野菜のクズをエサとして有効活用できることです。そしてポイントは昆虫のフンです。昆虫のフンや死骸、野菜クズや刈った草などをブレンドして発酵させ、昆虫肥料を作ります。この昆虫肥料が野菜を育てるときに使用する肥料です。

森：う〜ん、ハウスの中に生態系を取り入れると聞いて、それはすごいと感じていましたが、循環まで創り出してしまおうという、なんと欲張りな農法ですね（笑）。そして様々な副収入の可能性も生まれてきそうです。自分が若ければ、思わず「やらせて！」と手を挙げてしまいそうですが、最後にこのシステムをどのようにして横展開していくのかその構想をお聞かせください。

鴻上：若い人たちがどんどん農業の世界に入ってきてくれて、その結果として食糧自給率100％をめざすのがこの10年の目標です。その為には農業を極めることの難しさから少しでも解放してあげて、すぐにでも取り組める農法を提供すること。それがこの「さとごころ」です。そしてもう一つは初期投資の負担をなくすことです。その為に、これと同程度の施設をこれまでの5分の1程度で創れないかメーカーと相談しています。そしてリース会社と組んで、やる気のある若者に貸し出す。すぐにでも農業に取り組めて、毎月の収入からリース代を支払っていけばいい。他にも企業や団体がこの施設を導入して運用する方法もあるでしょう。ベースはできたので、様々な分野の人々も巻き込んでさらにシステムを成熟させていきます。そのようにして構築したノウハウはすべて公開していきます。やりたいと手を挙げてくれた人は誰もが参加できることが大切です。その為にもリーダーを担える人材を育てることが大切です。研修プロググラムは2020年10月からスタートさせます。

このシステムは自然の生態系の仕組みを取り入れた、持続可能な生産システムです。人の手によって隔離されたハウスの中に、自然の生態系の循環をコンパクトに収め、持続可能な食糧生産を可能にしたノウハウです。植物と生き物とが互いに支えあい、その循環の実りの一部を収穫物として食糧にする。

言葉にすると頭で考えてしまって難しそうに感じますが、実際に現場を見ると、分かりやすく、また、簡単に感じるかも知れません。仕組み自体は普段、里山と呼ばれる自然の豊かな環境で、人の力を借りずにごく普通に生き物が暮らしている生態系の循環そのものなのです。自然からもっと色々教えてもらい、これからの持続可能な新しい仕組みを創っていけるように実践していきたいと思います。

森　:「できない」から「できる」に変えてしまったこのシステムは、未来から見ると農業の大きな転換点になっているかもしれません。このようなシステムを生み出してくれたことに心から感謝するとともに、このシステムを大きく育てるには多くの方々の力の結集が必要です。

特にこれまでハウス栽培ではなく露地栽培で頑張ってきた農家には、更なる品質等の向上に向けて、一人ひとりの経験や知識を投入していただきたいし、立場の異なる人たちが、このシステムを介して更なる交流が生まれてくるのも楽しみです。

「さとごころ」システムは、本書のシンボルとなる重要なプロジェクトの一つとして、読者の皆様の力もお借りしながら、大きく育てていきましょう。

鴻上さん、ありがとうございました。

第4章　こたえ　蟲の哲学

鴻上純治

自然を味方にする

初めに、自然を味方にする為には何が必要でしょうか？

自然に触れ、体験し、自然の循環の中に自分を置いてみる事です。

山、川、海、空、土。そして、植物、昆虫、動物。

これらのネットワークされた循環は、人間の及ぶところではありません。

人間の存在の「有無」は全く関係が無いのです。

それは、自然のことを知れば知るほど実感していくこととなります。

「人間は地球に必要なのだろうか？」という感覚は、そこから生まれることかもしれません。

では、人間として、どのように自然と関わっていけば良いのか？

自分の存在をどう理解すれば良いのか？

自然界の摂理をシンプルに紐解きながら、これから創る「新しい生き方」を一緒に理解していきましょう。

微生物の世界

「ミクロ」や「マクロ」という言葉が最近よく使われます。

「ミクロ」とは、「100万分の1」という意味で、目に見えない小さなものという使われ方。

「マクロ」とは、逆に「大きな世界」などを指す使われ方をします。

微生物は、通常肉眼では見えない小さな世界で、普通の社会生活を行っている中ではあまり認識しない世界です。

最近になって、微生物の話題が取り上げられる機会が急に増えてきたように感じます。

顕微鏡でしか見えないような世界が、「実は大半のことを決定している」としたらどう感じるでしょう。

単細胞に近いほど、シンプルで時間軸も短い。その小さな出来事が、最終的に大きな「マクロ」を作り上げているのです。

この微生物の世界は最近どんどん解明されてきていますが、「種類の多さ」「数の多さ」「変化するスピードの速さ」は人間の想像が追い付かない世界で、全て解明することは不可能に近いと思います。

ただ、このミクロの世界にシンプルに落とし込むことでマクロの出来事を理解していくと、大半の事を理解していくことが可能です。

自然の摂理や方程式は、この手法で世の中の出来事を「納得できること」に変えていくことができます。

まよいの種

生活している中で、「不安」や「迷い」を感じることがたくさんあります。

これを自然界の定義に照らし合わせて考えてみましょう。

なぜ、たくさんの不安や迷いが心の中に生まれてくるのでしょうか？

その「こたえ」ですが、自然界の摂理のネットワークは「今、そこに有るもの」で構成されています。「今、そこに無いもの」は無く、前借りは出来ないのです。

人間はそこに「お金」「数字」「経済」というものを生み出しました。

生物の欲である「食欲」「性欲（繁殖力）」「睡眠欲」に加えて、「金銭欲」「支配欲」を作り出しました。この大きな違いは、「今、そこに無いもの」を使えるという「矛盾」が出来た事です。

自然界のシステムの中で、無いものが出来た事により生命活動自体にも矛盾が生まれ、人間は他の生物には無い「まよい」をたくさん持つ生き物になったと思われます。

今、この経済社会において、お金や経済支配をゼロにすることは不可能に近いことですが、処置として、出来るだけ自分の身の回りに有る「確かなもの」で生活をすることで、その生活や考え方を安定させていくことが出来るでしょう。

自然に寄り添い、里山で暮らす。

「豊かさ」の「こたえ」はそこに有ります。

人間の役割

人間は何のためにこの地球に現れ、何をすべきなのでしょう。

これは、世の中の多くの人々の永遠のテーマになっていると思います。

ダーウィンの進化論が正しいかどうかの議論はさておき、地球に現れた順番をさかのぼって考えてみましょう。

生き物でいうと、微生物→昆虫→動物→人間となります。地球外からの大きな出来事（隕石の衝突など）を除くと、人間が現れる前の動物までで持続可能な自然システム（生態系ピラミッド）は正常に機能しているように思えます。

現在、世界中で起こっている人間社会の問題の多くは、このピラミッドを無視したことで起こっていることが大半です。人間はこの生態系ピラミッドを外から資源として使う「消費者」なのです。

50年ほど前の里山と呼ばれた暮らしを行っていた時は、この生態系ピラミッドに寄り添う形の生活を行っていました。

日本の歴史でいうと、江戸時代前後は、鎖国をし、エネルギーや食糧も自国内で生産し、ゴミもほとんど出さない、現在流行のように使われている「持続可能なシステム」が出来ていました。

その頃の人口は約3千万人と言われています。

では現在、約1億2千万人だと、4倍なので・・・という考え方はどうでしょう。

技術の進歩により、江戸時代よりも何十倍もエネルギー効率なども向上しています。

問題になっている原因は、この50年の生活の変化の中にあります。

過去の失敗は体験としてとらえ、出来ていた成功をもう一度見直す時が来たのだと思います。

教育と共育

三つ子の魂百までというように、胎児としておなかの中で約10か月。

生まれてからの3年間は両親から授かった遺伝子と細胞が成長する時期。

自分以外の環境に対応するために自分を構成する時間。

そのあと、9歳まで（ひとつ・ふたつ・・・など「つ」の付く歳）は自分と自分以外の調整をする時期。
10歳から他の人間から知識を与えられる時期。これを「教育」と呼んでいます。

では「共育」とはなんでしょう。
共育の（共）は人間を指しているのではないのです。
この共は自然界そのものであり、自分を取り巻く微生物そのものなのです。
おなかの中から死んで土に還るまでを共に過ごす事。
そして共に育つこと。
それが共育のこたえです。

環境と感情

人には感情がありますが、当たり前のようで何故とはあまり考えません。
感情の中でも怒りや妬みは生活の中であまり無い方がいいですね。
嘘や言い訳もよく似ているのですが、環境が変わるとどうでしょう。
山の中で一人、相手は自然。
嘘も言い訳も、全く通用しない無駄なもの。

怒りや妬みも同じ、無意味です。

感情は自分の置かれる環境によって変わってしまうのです。

反面、自然は行った行動に対してはそのまま答えてくれます。

全てをストレートに返してきます。


子供のうちに沢山自然と関わり、ストレートなこたえのやり取りを沢山行う事は、とても大切な財産となるでしょう。

蟲から見る地球

「蟲《むし》」と聞くと、現代人は「寒気がする」という人が年々増えてきていると思います。

でも、小さい子供のころから苦手という人は、実は少ないのです。

また、生活環境の変化において接する機会もどんどん少なくなってきています。

しかし、自然環境の循環において、蟲は人間の生活に切っても切れない存在なのです。

この地球において、人間よりも遥か昔から存在し、地球の循環の要になっていると言っても過言ではないのです。また、その種の多さ、数に関しても、微生物においては断然地球でNo.1なのです。

仮に、地球外生命体が地球を訪れたら、地球を支配しているのは昆虫だと思うでしょう。

人間は、普通自分が主観で物事を考えがちですが、一度主観を「蟲」に置き換えて、地球と人間を観てみると、全く違う感覚が生まれてきます。

近い昔、ほんの50年ほど前の日本人は、里山で暮らし、自然と共存する知恵を持っていました。

もしかしたら、生き物との接触が多いことで、人間と生物との中間の主観を本能的に持っていたのかもしれません。

蟲の立場に立って自然の流れを観てみると、「蟲の哲学」が見えてくる。

実は視点を変えることが、現代に一番足りていない「こたえ」の一つなのです。人間の役割を認識するためには、人間以外の役割を知ることが持続可能なシステムの第一歩になるということです。

「蟲から見る地球」はどんな世界なのでしょうか。一緒に少し覗いていきましょう。

波動とは微生物の会話

最近になって、話題になっている腸内細菌や微生物が人間の体のシステムをコントロールしているという考え方が広がってきました。

実は、健康な人間の腸内細菌と昔の里山で行われていた普通の農業の畑の土の中の菌のバランスはほぼ同じで、「善玉菌：日和見菌：悪玉菌」は「2：6：2」。

人間の体は食べ物で出来ていることを考えると、当然といえば当然です。

人間を構成している細胞の数は60兆個といわれていますが、人間の体には1200兆個以上の細菌がいると言われています。

これらが普段の生活において、空気、水、食べ物を通して新陳代謝として日々入れ替わりながら体を作っています。すべての細胞（細菌）には、「核」と「電子」があり、微弱な放射線をエネルギーとし動き続けています。これらの電気信号が波動となり、瞬時に体中を回り、それぞれの生物の特有になっていると考えられ、微生物同士の電気信号が会話となり、波動として伝えられるということになります。

自然の豊かな土地に行くと、「気持ちが良い」「スッとする」という感覚は、バランスの良い植物や微生物の作る「正常な波動」の中に入ることで、自分の中のバランスの崩れた部分が「元に戻る」ことから起きる感覚です。これを「森林セラピー」などと呼んでいます。ここから解けることは、互いに微生物同士が波動を通して情報交換をする事で会話をし、大きな力のほうに同調する（振り子の原理）ということ。「人間の第六感」と呼ばれるものは、なんとなくこの微生物間の会話に自分が気付いているということなのかもしれません。

微生物は水の記憶を運ぶ運送屋

皆さんは「水」と聞くと、何を思い浮かべるでしょうか。地球上のすべての生物には、その体内に水を持ちます。水は生命の誕生する「最初の第一歩」だったのかもしれません。

水は状況に応じて、「気体」「液体」「固体」に変化します。もちろん、人間が現れる遥か昔からこの地球上に存在し、動き続けています。

この水が「生命の情報を記憶する装置」だと最近話題になっています。少しこの「水」について考えてみましょう。

水の性質として、コップなどに入れて動きがとまると腐ります。逆に、動き続けていると腐りません。生き物も実は同じで、誕生して生命活動している間は生きていて、完全に止まると死んでしまいます。ここから言えることは、「死」というのは「体内の水の動きが止まった状態」といえます。また、そのことから「水を通した情報交換ができなくなった状態」とも考えられます。

最初にお伝えした通り、人間も動物も植物も「細胞」と「微生物」で構成されている生命体なので、微生物が動くたびにその中の水も運ばれます。水に情報が貯められているのだとしたら、複雑な多細胞生物にとっては、微生物を通して情報交換をしていることになります。

これらをまとめると、微生物は水の記憶を運ぶ運送屋ということになるのです。

また、水はたくさんの手段を持っています。水蒸気になって空気中を移動したり、氷に形を変えたりします。自然の循環としては、海から気体で蒸発して、雨として液体で山に降り、集まって川になり海にまた戻っていく。その道中、色々な物とぶつかったり生命の中に入ったりしながら、地球上を循環し続けて、同時に情報も運んでいるのかもしれません。

水の役割と意志

地球にとって水がキーワードになっている事が段々と分かってきました。

では、水自体の役割と意志はどうでしょう。


そのこたえは、地球にバランスをもたらす事かもしれません。

具体的には、大地など乾いた所を潤すのが役目の一つ。

その為に様々な生命体に形を変え、地球の隅々まで、水が行きわたるようにしてバランスをとっている。


「農」にかかわるにつれ、毎日植物に水をあげているとき、ふと頭によぎりました。

自分が生きるために行っている行動は、他の生命の活動の手伝いをすることと同じなのでは・・・と。

もしかすると他の生き物も同じなのではと思いました。

微生物や昆虫、動物も同じように働いているとすれば、共通点は「水を運ぶこと」になるのかもしれません。

人間は微生物の団地

人間は一つの生命体ではありません。人間の体は１０００兆を超える生命の集まりなのです。

自分の細胞の中にも微生物は存在し、常に活動を続けています。

現在の世界の総人口約70億人と比べると、桁違いの数です。

あまり普段そのような感覚は持ちませんが、日々の生活の一瞬の間に、息を吸った空気の中、食べる食事の中、飲んだ水の中、触ったものなどによって、人間の中にいる微生物の住人は常に入れ替わっています。そう考えると、その微生物という住人の意見をまとめるのはとても大変な作業です。

自分に起こる出来事に対して、実はそこに住む微生物の意見をまとめて答えていると考えると、自分の中に第三者の感覚を持ち冷静に考えることが出来るようになります。

好きな食べ物も苦手な食べ物も住民の意見なのです。皆さんの人間としての「名前」についても、「微生物の団地の名称」というように考えるとなんだか不思議な感覚です。

あなたは、1000兆以上の住民の管理人なのです。

また、住民の中には、団地の中（体の中）で死んでしまったり、逆に生まれたり、そんなことを繰り返しながら団地の耐久年数を迎えたとき、住民たちは解散する。

その団地を設計する設計図が「遺伝子」だと考えるとわかりやすいでしょうか。

時には、ものすごいスピードで住民たちを襲い、殺してしまう住人が入居すると、団地は病気になってしまいます。そのために団地の中には「団地防衛軍」がいます。

これらが、白血球やナチュラルキラー細胞などと呼ばれる抗体なのです。

まるで、世の中の出来事の縮図のように感じられるでしょう。

農業とは微生物の営み

次は、畑について解いていきましょう。農業の本質は、微生物のはたらきで説明が出来ます。

自然の循環の中で植物が育つのには、「太陽」「水」「土」「栄養素」が必要です。ここで、少し過去に戻って違う世界で考えてみましょう。

昆虫の世界でも、人間の誕生する遥か昔から農業に近いことが行われています。

その中の一種に「ハキリアリ」というアリがいます。このアリ、実は、キノコの栽培を巣の中で行っているのです。名前の通り、木に登り、歯で木の葉を運べる大きさに切り取り、巣に持ち帰ると、巣の中の部屋に敷き詰めます。そこに自分の食糧となるキノコの菌を植え込んで育てるのです。

このように人間だけでなく、「農業」というのは自然を利用して、自分の食糧を生産することなのです。このアリから見ると、巣の中の部屋はビニールハウス、葉っぱは肥料、キノコの菌は増やしたい食糧ですね。まさに農業そのものです。人間の生産している「野菜」も元を正せば「野の菜」です。

人間の体に合う野菜を育てるために、畑を作り、食糧を生産していると考えると、昆虫の中にも農業の大先輩が存在しています。そして両者に共通する点は、自然の循環で、菌類などの微生物の力を借りているところです。

自然循環の中で、「分解者」と呼ばれる微生物が、植物の育成には必要なのです。

植物の育つ土台になっている「土壌」は微生物の働きによって整うのです。

本来、この循環の中に人間は関係ありません。アリと同じく、微生物の働きによって作られる環境を利用させてもらっているのです。

循環を止めてしまった人間

人間の目線のみで物事を捉えることは、実はとても危険なことです。

現在、世界中で問題になっている「持続可能な社会」とはどういう事か？

この問題を解くカギは、何よりも目線を変える事であり、一番シンプルに理解出来るのです。世界中の人が、自分以外、又は、人間以外の目線を持つとどういう現象が起こるのでしょうか。


客観的にとらえる事と、主観自体を変える事は結果が全く異なってきます。人間に都合の良いことと、自然環境にとって良いことはイコールではないのです。


本来、生態系のバランスがあり、構成するバランスを維持することが持続可能に最も近いのですが、消費者である人間が自分たちの都合や効率のみを求めると、この「生態系のバランスを崩してしまう」のは言うまでもありません。

ジャングルに住むシャーマンと呼ばれる人たちはそれをよく理解し、実践している人間です。

もちろん、今の世界に住む約70億人の人たちがシャーマンのような生活に戻ることはできないでしょう。しかし、生態系のことに興味を持ち、理解して目線を変える事により、負担を減らすことは可能です。特に農業において、農薬や除草剤を必要以上に使う行為は、生物の循環を止め、正常な生態系ピラミッドのバランスを大きく変えてしまう原因になっています。

「昆虫や微生物の活動」と「人類の求める持続可能な社会」はイコールなのです。

人間の生命活動は、微生物の活動とは切っても切れない関係で、畑の土に存在する微生物のバランスが人間の体のバランスだと気付くと、これからの農業がどうあるべきかの「こたえ」が見えてきます。

アカシックレコードとは微生物のネットワーク情報

「アカシックレコード」は元始からのすべての事象や想念、感情などが記録されているという「世界記憶の概念」と言われています。最近はスピリチュアル系の方々が使われていることが多いですね。これを解いていきましょう。

太古の地球から存在する「水」。これが記録物質で、微生物を含むすべての生命体や物にも水は含まれています。空気中、土、植物、動物、昆虫、もちろん川や海も水はずっと循環しています。

同じように、微生物も体内に水を含み、先に挙げた循環を生死を繰り返しながら、自然も都市部も海中も関係なく循環しています。この循環が情報を一つにします。

皆さんは「〝無〟になる」と聞くと何を思い出しますか？　ヨガや宗教の教えの中にたくさん「無になる」が出てきます。実はここに大きなヒントが隠されています。

この世を分けるときに「自分」と「自分以外」に分けることが出来ます。「無になる」というのは存在が無くなるという事ではなく、自分と自分以外という「壁」を無くすことなのです。自分という1000兆を超える微生物の集合体と自分以外のすべての微生物のネットワークとの合流が行われ、それと同時に、外の情報に接触することが出来るのだと考えられます。

自分から見る「自分以外の世界」というのは、存在する「全て」であり、その膨大な情報を「宇宙意識」や「世界記憶」と呼ばれる所以なのだと思います。

本当は、微生物の世界で地球を見ると、全てのものや生き物も単なる微生物の生活そのものなのかもしれません。その集まりごとに「名前」という縛りを与えて括っている。陰陽道の中で、名前のことを「呪で括る」と出てくるのも納得が出来る考え方です。

地球のバランスとは生きる事の答え

人が生きていく中で、「何を目的として、何をすべきか？」この問いの中で、必ず一度は考えて、答えが出ず、もやもやとした気分になるのではないでしょうか。中には、「自分はこのために生きているんだ」と即答で答える人もいると思いますが、多くの人はそういきません。

では、一人の人間としてではなく、地球上に誕生した人類としてみるとどうでしょう。

微生物として始まり、分裂や融合を繰り返しながら少しずつ高等生物と呼ばれる生き物が誕生してきました。

では、なぜ微生物は多細胞生物となりどんどんと進化していったのでしょう。生物の基本であるのは「生存本能」であり、昆虫でも植物でも動物でも同じです。種を残して次の世代につないでいく中で、進化しながら時間が進んでいます。

これまでにお話しした生態系においては、肉食動物が食物連鎖の頂点に立ち、構成する種類は一番少ないためピラミッドの形で収まっていました。そこに誕生した「人間」はこのほぼ全ての連鎖を消費する存在として生きています。では、動物と人間の間にはどんな違いがあるのでしょうか？

普通、生態系ピラミッド（人間を除く）の中では一時的にある種が増えると時間差で下の段が減り、それに伴って上の段も減って、徐々にまたピラミッドの形に戻るという一つのシステムになっていますが、人間の人口が約70億人に達しようとする中で色々と問題が生まれているようです。

その反面、一つの疑問が出てきます。人類が誕生した理由です。

人間は想像力で先のことを予測する力があります。他の生物よりも明らかに先を読んだ動きをしますが、第六感とは違う、統計を取り、それを使う能力があるといえます。

地球全体の情報を知り、予測された問題を人間の想像で解決する。今は自然界のバランスを崩す存在ですが、それに気づき、バランスを整える準備に生きる時間を使うことが、人間に与えられた使命なのかもしれません。

日本人の持つ「八百万の神」という答え

日本に住んでいた里山暮らしの先人達の教えの中に「八百万の神」と出てきます。

その頃の文明から考えて、ミクロの世界を知る科学的な知識は少なかったはずですが、この「自分も自分の周りの生き物も山も川も全て神の一部」だという考えはから来たのでしょうか？

生まれて死ぬまで、里山という自然との共存の中で、長い年月をかけて出た答えだったのだと思います。

現在になって、微生物の循環や働きのことを知ることが出来るようになる遥か昔から「こたえ」を出していた先人達は、本当に自然の厳しさも優しさも豊かさも身をもって体感し、「全ての自分の行いは自分に返ってくる」。全ては自分の一部という考えに行き着いたのでしょう。

「人は土に還る」というのも同じことですね。

まさに「八百万の神」という考え方は、「持続可能な循環社会」そのものだと言えます。

今、世界中で取り組みを推進している「ＳＤＧｓ」の１６９項目は、日本の「八百万の神」の思想が答えなのではないかと感じています。

これからの生き方

これまで文明社会が発達し、経済発展という一つの結果を残してきましたが、その一方で、自然との触れ合いや他人との思いやりといった、共存社会との乖離も同時に起こっています。

これから先10～20年の間に日本だけではなく世界では数々の出来事が起こります。

そして、それらの出来事により、存在する生命の循環自体の歪みを修正するための時期が来たのだと思います。

昔の生活に戻ることは出来なくても、新しい共存、共栄のモデルを創造し、実践を自分事として行動に移すことが最優先になっていくでしょう。

本当の持続可能な循環社会のお手本として人類が実行するために必要な事とは、自然界の持つ、次の世代に繋ぐことを目的とした、人間以外が行っている生命活動の方程式を理解して、人類の社会システムに活用する事。その一番の近道が、『ほかの生物の視点を持つこと』なのです。

「微生物の哲学」と「植物の哲学」、この二つを結ぶ役割が「蟲の哲学」なのです。

その蟲の中でも、植物の受粉の大半を担っているミツバチの存在は、現在、世界中で問題になっており、保護活動が各地で広がってきています。

皆さんも時間の許す時、ほんの少しの時間でも構いません。

蟲の視点に主観を置いて、今の世の中を見てみてください。これまで、人間の世界で悩んでいたこと、自分の行っていた行動、また人類が生活のために消費している自然資源の事が、これまで想像もしなかった世界として見えてくることでしょう。周りを見渡した時、たくさんの植物や昆虫が自分の命の時間を使い、人間が生きることの出来る環境を作ってくれていることに、一人ひとりが気付ける事を切に願います。

おわりに

鴻上純治

「蟲の声」が少し聴こえたでしょうか？

一生懸命に生きて、次に繋ぐ事だけに集中する生物や植物は語らずとも、全てを教えてくれます。

その行動は「知識」ではなく、「知恵」そのものなのです。

そして、自分の命の時間を次の子孫のために体験した知恵を遺伝子に残して託す。

嘘も言い訳もない、真直な世界です。

「こたえ　蟲の哲学」の中にも書きましたが、人間もその小さな生物の延長でしかなく、体の中に良い住民を受け入れた方が健康な体と心を育てることが出来ます。

「農」とは、体の中に入れる「生物」を育てる特別な場所なのです。

そう理解すると、畑で何をすれば良いのかが鮮明に見えてきます。

そして、私たちの住むこの日本という国において、一番今足りていない食糧生産について も、もう一度、国民全員が真剣に考え、農家にならなくても生きる事の「こたえ」を体験出来る場所として、少しでも関わっていただければ幸いです。

過去のことは材料としてとらえ、これからの明るい未来を創ることが出来るのは

「今」の行動以外にはありません。

是非、視点を変えて、今までに見ていなかった世界を少しでも覗いてみてください。

おわりに

森　賢三

本書をもって農哲シリーズ三部作が完結しました。

三作品を通じての「おわりに」を書かせていただきます。

農哲シリーズは一作目『農から学ぶ哲学』の共著者であるこうちゃん（森光司氏）との出会いがなければありえなかったことですが、その出会いだけでも生まれませんでした。お互いの夢なども語り合いながら、一作目で紹介している「みかん精の楽光（みかんせいのがっこう）」のスタートこそが農哲の原点と感じます。そこに参加してくれる人々（楽光生）が集い、共に農作業をし、語り合った時間の積み重ねの中で、農哲が姿を現してきました。

そして楽光のスタートは、皆から「あっこちゃん」と呼ばれ親しまれている妻明子の存在なしにはあり得ません。裏方としてサポートしてくれる一方、楽光生の心のよりどころとして、その中心に立ち続けてくれています。楽光の定期的な活動は現在は休止し、収穫作業やイベントなどで年数回顔を合わせるだけとなっていますが、それでも変わりなく集ってくれる楽光生一人ひとりに心より感謝します。

一作目の執筆がスタートしたころ、私は明子と結婚しました。そしてこうちゃんと三人で、夜遅くまで企画会議を何度も重ね、無事出版までたどり着くことができました。

そして、二作目『農から学ぶ「私」の見つけ方』は単著として出版しましたが、この作品は明子との共著でもあります。内容は私が体験してきたことがベースとなっていますが、それを実践し人の意識にどのような変化が生まれるかという検証作業を絶えずしてくれたのが明子でした。この作業のおかげで確信をもって文章を書いていけましたが、人はここまで意識を変えることができるのかということを学び、私自身も明子と共に成長していきました。

さて、二作目を書いていたころ、この作品には続きがあると強く感じていました。

一作目は農（自然）と向き合うことで、その向こうに貫かれている法則（真理）が見えてくる「起」。そしてその法則は、自然界だけではなく人間が構築してきた社会や人間の内面まで貫かれている「承」。そして二作目はこの「人間の内面」を取り上げるのですが、その内容はスピリチュアルな側面が強くなりました。そして一作目は人間目線から自然目線へと転じることを述べてきましたが、さらに二作目ではその人間目線を外に向かう目線から内に向かう目線へと転じることを述べました「転」。
ですから三作目として「結」を述べなければならないと感じていました。

二作目のタイトルには「見つけ方」という言葉が使われています。この解釈についても二作目の2章の中で後付けの解釈（意識の変化は一瞬で起こる）を披露しています。それはそれで面白いのですが、三作目を書いている中で、その本当の意味が分かりました。見つけた後が本番だったのです。何をするにおいても、人間は「私」に目覚めることなしには、何もなしえないのです。
「私」に目覚めた後の人生は、すべてが「私」が主人公となります。そして主人公となった人々の活躍なくして、コロナ後の世界を再生させることはできません。二作目の内容は番外編のようにも感じますが、実は二作目こそが農哲の核心であったと今は思います。

三作目の執筆に際して、鴻上純治氏と出会ったことは、本編でもすでに紹介してきましたが、鴻上氏は私よりさらに広い視野を持っているので、この作品の完成度は鴻上氏の力なしには考えられず、私自身も新たな学びを多くさせていただき、そのことを感謝しているのはもちろんですが、私にとって一番大きかったのは、これまでの人生で全く接点がなく、異なる人生を歩んできたにもかかわらず、お互いが発するメッセージにこれだけ多くの共鳴が起こることに対する何とも言えない安心感です。

一作目のこうちゃん、二作目の明子同様、多くの場面で安心感と共に支えていただけたことを改めて感謝いたします。

本作品では前作同様、菊地佳絵さん、布久保麗奈さん、新谷はるかさんの三名にイラストのご協力をいただきました。そして鴻上氏との縁を結んでいただいた平田通文氏、日常の活動を支えてくれている楽光生の皆さん、本書を手にしてくださった皆様にありがとうございます。

シリーズとして三冊が並ぶことに強い喜びを感じます。「けんちゃんの名前には賢い本が三冊隠れているね！」この言葉は10年以上前に友人のみっちゃんからプレゼントされた言葉です。「森」は木が三つ、「三」は一が三つ、そして木と一で本となります。10年以上たって、それが現実となったことはとても感慨深く感じます。そして何と言っても表紙が素敵でしょ！　三作とも表紙のコンセプトを作ってくれたのが明子です。

素敵な本を完成してくれた文芸社の皆様にも心より感謝いたします。

本書を持ちまして、「農哲シリーズ完結」です。でも文章を書くことは好きなので、またどこかでお会いすることがあると思います。その時は童話作家になっているかもしれません（笑）。再会をお約束して、必ずこの難局を皆の力で乗り越えましょう。

参考文献

『土と内臓　微生物がつくる世界』（デイビッド・モントゴメリー、アン・ビクレー著、築地書館、２０１６）
『土・牛・微生物　文明の衰退を食い止める土の話』（デイビッド・モントゴメリー著、築地書館、２０１８）

著者プロフィール

森 賢三（もり けんぞう）

1960年、和歌山県に生まれる。
埼玉大学卒業後、㈱インテージに入社。
環境問題や地域経営のコンサルタントとして活動後退社。
2010年より和歌山県に戻り、みかん農家として今日に至る。
下津蔵出しみかんシステム日本農業遺産推進協議委員（2018～）
著書
『農から学ぶ哲学　宇宙・自然・人　すべては命の原点で繋がっていた』（文芸社　2017年）
『農から学ぶ「私」の見つけ方　オートマティックに生きる』（文芸社　2020年）
『地域を救う不思議な方法　―農哲流共生進化論―』（文芸社　2023年）など

鴻上 純治（こうかみ じゅんじ）

1973年、大阪市鶴見区に生まれる。

幼少より、自然環境や生き物に関わる。

18～35歳まで会社員、その後会社を設立し、現在に至る。

里山再生事業・農業・共育など地域創生を目的としたプロジェクトを2017年に立ち上げ、20年計画にて現在進行中。

農哲流　コロナ後の世界再生論　「私」が主人公

2021年2月15日　初版第1刷発行
2023年10月20日　初版第2刷発行

著　者　森 賢三／鴻上 純治
発行者　瓜谷 綱延
発行所　株式会社文芸社
〒160-0022　東京都新宿区新宿1－10－1
電話　03-5369-3060（代表）
03-5369-2299（販売）

印　刷　株式会社文芸社
製本所　株式会社MOTOMURA

ISBN978-4-286-22306-3